城市更新行动理论与实践系列丛书
住房和城乡建设领域"十四五"热点培训教材

丛书主编◎杨保军
丛书副主编◎张　锋　彭礼孝

城市更新与
老旧小区改造

宋昆　杨雪　等◎著

Urban
Renewal
and
Renovation of
Old Residential Communities

本书受到科技部"十四五"国家重点研发计划项目"城市更新设计理论与方法"（2022YFC3800300）支持。

中国建筑工业出版社

图书在版编目（CIP）数据

城市更新与老旧小区改造 = Urban Renewal and Renovation of Old Residential Communities / 宋昆等著 . -- 北京：中国建筑工业出版社，2024.8. --（城市更新行动理论与实践系列丛书 / 杨保军主编）（住房和城乡建设领域"十四五"热点培训教材）. -- ISBN 978-7-112-30033-4

Ⅰ.TU984.12

中国国家版本馆 CIP 数据核字第 2024CL9364 号

策　　划：张　锋　高延伟
责任编辑：柏铭泽　陈　桦
责任校对：赵　力

城市更新行动理论与实践系列丛书

住房和城乡建设领域"十四五"热点培训教材

丛 书 主 编　杨保军

丛书副主编　张　锋　彭礼孝

城市更新与老旧小区改造

Urban Renewal and Renovation of Old Residential Communities

宋　昆　杨　雪　等◎著

＊

中国建筑工业出版社出版、发行（北京海淀三里河路 9 号）

各地新华书店、建筑书店经销

北京海视强森文化传媒有限公司制版

建工社（河北）印刷有限公司印刷

＊

开本：787 毫米 × 1092 毫米　1/16　印张：15¾　字数：295 千字
2024 年 8 月第一版　　2024 年 8 月第一次印刷
定价：**99.00 元**
ISBN 978-7-112-30033-4
　　　（43122）

丛书编审委员会

丛书序言

党的二十大报告提出，"实施城市更新行动，加强城市基础设施建设，打造宜居、韧性、智慧城市"。城市更新行动已上升为国家战略，成为推动城市高质量发展的重要抓手。这既是一项解决老百姓急难愁盼问题的民生工程，也是一项稳增长、调结构、推改革的发展工程。自国家"十四五"规划纲要提出实施城市更新行动以来，各地政府部门积极地推进城市更新政策制定、底线的管控、试点的示范宣传培训等工作。各地地方政府响应城市更新号召的同时，也在实施的过程中遇到很多痛点和盲点，亟需学习最新的理念与经验。

城市更新行动是将城市作为一个有机生命体，以城市整体作为行动对象，以新发展理念为引领，以城市体检评估为基础，以统筹城市规划建设管理为路径，顺应城市发展规律，稳增长、调结构、推改革，来推动城市高质量发展这样一项综合性、系统性的战略行动。我们的城市开发建设，从过去粗放型外延式发展要转向集约型内涵式的发展；从过去注重规模速度，以新建增量为主，转向质量效益、存量提质改造和增量结构调整并重；从政府主导房地产开发为主体，转向政府企业居民一起共建共享共治的体制机制，从源头上促进经济社会发展的转变。

在具体的实践中，我们也不难看到，目前的城市更新还存在多种问题，从理论走进实践仍然面临很大的挑战，亟需系统的理论指导与实践示范。"城市更新行动理论与实践系列丛书"围绕实施城市更新行动战略，聚焦当下城市更新行动的热点、重点、难点，以国内外城市更新的成功项目为核心内容，阐述城市更新的策略、实施操作路径、创新的更新模式，注重政策机制、学术思想和实操路径三个方面。既收录解读示范案例，也衔接实践，探索解决方案，涵盖城市更新全周期全要素。希望本套丛书基于国家战略和中央决策部署的指导性，探索学术前沿性，同时也可助力城市更新的实践具有可借鉴性，成为一套系统、权威、前沿并具有实践指导意义的丛书。

本书读者，也将是中国城市更新行动的重要参与者和实践者，希望大家基于本套丛书，共建共享，在中国新时代高质量发展的背景下，共同探索城市更新的新方法、新路径、新实践。

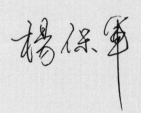

本书编写组

主　　编：宋　昆

副 主 编：杨　雪

编　　者：景琬淇　张一承　刘泽昊　蔡雨孜　宋文豪
　　　　　张　荻

审　　校：冯　琳　赵　迪　汪丽君　左　进　张　威
　　　　　姚　钢

编写单位：天津大学建筑学院
　　　　　天津大学城市更新与发展研究院
　　　　　天津市旧城区改造生态化技术工程中心

自序

2019年12月，习近平总书记在中央经济工作会议上发表重要讲话，首次提出要"加强城市更新和存量住房改造提升，做好城镇老旧小区改造"。[①] 2020年6月，国家发展和改革委员会在介绍未来新型城镇化建设重点工作的新闻发布会上，特别指出以老旧小区改造为抓手，加快推进城市更新。2020年10月，习近平总书记在党的十九届五中全会上明确提出从建设与治理两个层面"推进以人为核心的新型城镇化""实施城市更新行动""强化历史文化保护、塑造城市风貌，加强城镇老旧小区改造和社区建设"。[②] 首次提出了"城市更新行动"的概念，并将新型城镇化、城市更新行动、老旧小区改造有机地结合在一起。2021年3月，十三届全国人大四次会议表决通过了关于《中华人民共和国国民经济和社会发展第十四个五年规划和2035年远景目标纲要》的决议，提出"完善新型城镇化战略 提升城镇化发展质量""加快转变城市发展方式，统筹城市规划建设管理，实施城市更新行动，推动城市空间结构优化和品质提升"。自此，城市更新行动正式上升为国家战略，将有效衔接国家区域协调发展和乡村振兴战略，共同形成完整的国家空间发展战略体系。2022年10月，党的二十大再次明确把新型城镇化作为"着力推动高质量发展"的重要战略，"坚持人民城市人民建、人民城市为人民，提高城市规划、建设、治理水平，加快转变超大特大城市发展方式，实施城市更新行动，加强城市基础设施建设，打造宜居、韧性、智慧城市"。[③] 2023年7月，住房和城乡建设部印发《关于扎实有序推进城市更新工作的通知》（建科〔2023〕30号），从坚持城市体检先行、发挥更新规划统筹作用、强化精细化城市设计引导、创新更新可持续实施模式、明确城市更新底线要求几方面提出扎实有序推进实施城市更新行动，提高城市规划、建设、治理水平，推动城市高质量发展。

实施城市更新行动，是以习近平同志为核心的党中央准确研判我国城市发展新形势，推动城市高质量发展作出的重大决策部署，具有战略性、综合性和系统性的重要特征。由于种种原因，中共中央、国务院关于实施城市更新行动

---

① 新华社. 中央经济工作会议举行 习近平李克强作重要讲话 [EB]. 中国政府网，2019–12–12.
② 新华社. 中共中央关于制定国民经济和社会发展第十四个五年规划和二〇三五年远景目标的建议 [EB]. 中国政府网，（2020–10–29）[2020–11–03].
③ 新华社. 习近平：高举中国特色主义伟大旗帜 为全面建设社会主义现代化国家而团结奋斗——在中国共产党第二十次全国代表大会上的报告 [EB]. 中国政府网，（2022–10–16）[2022–10–25].

推动城市高质量发展的若干意见几经征求意见进行修改，至今尚未发布。而国务院办公厅先于 2020 年 7 月 20 日印发《关于全面推进城镇老旧小区改造工作的指导意见》（国办发〔2020〕23 号）。

《城市更新与老旧小区改造》一书作为"城市更新行动理论与实践系列丛书"的分册之一，旨在为住房和城乡建设部在全国范围有序推广"城市更新行动"提供全方位政策解读；在《关于全面推进城镇老旧小区改造工作的指导意见》的框架和思路引领下，系统地总结切实可行的老旧小区改造路径与操作机制；针对老旧小区改造的"热点、痛点、难点"，按照基础类、完善类和提升类的改造内容，从"评估—策划—设计—建设—运维"全流程维度分类施策，为老旧小区改造提供理论和方法的指引；并通过系统地总结我国已有典型老旧小区改造类型和实践案例，为我国新时期新阶段老旧小区改造的实践工作提供借鉴和参考。希望本书不仅成为一张揭示城市更新和老旧小区改造方向的导航图，也能成为一部为读者提供深度思考和实践指引的行动指南。帮助读者以历史思维和发展视角来认识我国城市更新的发展历程和脉络，并以世界眼光和国际视野来审视我国新阶段城市发展特征和未来，引导全国各地在开展城市更新实践过程中形成战略性与方向性共识。希望每一位读者在阅读本书的过程中，都能找到属于自己的城市蓝图，激发出对城市更新和老旧小区改造的新思考，为创造更加美好、宜居的城市未来贡献一份力量。

天津大学建筑学院党委书记、院长

专题导读

老旧小区改造的痛点、难点与解决措施

在城市更新和老旧小区改造工作中存在着六大痛点和诸多难点：

各区县人民政府是更新改造工作的责任主体，负责会同所属住房建设和规划资源等部门，制定更新计划，组织有序实施；建设企业、专业机构，以及物业权利人等社会力量作为各类更新改造项目的实施主体，承担项目投资、建设、运维等全生命周期的实施工作；而生活在老旧小区中的居民作为更新改造工作的利益主体，也是更新改造工作的参与者，最终建立共建共治共享的社区治理体系。

对于责任主体在实施更新改造工作中的痛点是：一是如何筹措资金支持。更新改造工作事多面广，既是民生工程，又是发展工程，也是保护工程。责任主体如何筹措资金支持是更新改造工作有效实施的前提。二是如何协调部门责任。更新改造工作不同于新建开发项目，涉及城建、城管、规划、市政、消防，以及街道、社区等多个部门。责任主体需要协调各部门的职责分工，制定工作规则，统筹推进更新改造工作。

对于实施主体在实施更新改造工作中的痛点是：一是如何实现资金平衡。实施主体应按照市场化方式实施更新改造，以提高工作质量和效率。能否实现建设、运维环节中的资金平衡，是社会资本能否参与更新改造工作的保障。二是如何建立长效机制。开发建设企业与运营维护企业、前期建设资金与后期运维资金如何有效衔接，后期运营维护工作如何提前介入前期规划设计环节，都是能否实施长效运营管理机制的关键。

对于利益主体在实施更新改造工作中的痛点是：一是如何统一居民意愿。应坚持居民自愿的原则，征求居民意见并合理确定更新改造内容。二是如何落实居民出资。应按照谁受益、谁出资原则，积极推动居民出资参与更新改造工作。但是根据各地区城市更新和老旧小区改造工作的实际情况统计，这两个方面的操作难度都很大，是实施更新改造工作中最大的痛点。

现阶段开展的城市更新行动不同于以往的旧城改造、棚户区改造，是新型城市建设方式，具体操作时就会产生新的问题，遇到诸多难点。如：城市更新和老旧小区改造工作的上位法缺失、更新改造工作与现行建设规范的冲突、公

众参与环节中公平与效率之间的平衡、老旧社区实现完整社区的用地和用房来源、老旧小区中房屋产权混乱的问题、老旧小区改造后物业管理水平能否提高、既有住宅加装电梯中底层居民与上层居民的矛盾、更新改造标准和效果如何评估验收，等等。

本书以城市更新行动政策为指导，从评估、策划、设计、建设、运维全生命周期，提出老旧小区改造工作中的痛点和难点解决方案，梳理了如下十二个问题，为从事城市更新和老旧小区改造工作的同仁提供参考，也供读者以此为线索进行专题性阅读。

目　录

第 1 章

政策专题：城市更新行动政策导向

1.1　城市更新与老旧小区改造发展历程

　　"城市更新"并非新的概念,是我国进入新型城镇化阶段后主要的城市建设方式。"十四五"时期,贯彻新发展理念成为现代化建设指导原则,[1] 城市发展由大规模增量建设转为增量结构调整与存量提质改造并重的新时期。[2] "城市更新行动"成为经济社会发展理论、历史、现实逻辑下的客观要求与重大战略决策。此战略的提出并非一蹴而就,而是基于西方发达国家城市发展的先行经验总结,立足我国城市化进程现实背景与本土特色的趋势研判,经由典型城市实践探索先行,而后在全国制度化、常态化地系统推进。对于转变城市规划、建设、治理方式,全面提升城市发展质量,不断满足人民群众日益增长的美好生活需要,促进经济社会持续健康发展,具有重要而深远意义。[3]

1.1.1　西方国家城市更新发展历程与特点

　　西方城市化进程发展较早的国家,率先进入了城市更新阶段。城市更新始终贯穿城市建设与发展的全生命周期,与之相关的城市重建(Urban Reconstruction)、城市复苏(Urban Revitalization)、城市再开发(Urban Redevelopment)、城市复兴(Urban Renaissance)、城市再生(Urban Regeneration)[4、5] 等概念,在不同历史时期呈现出与城市发展规律相呼应的特征。美国 1949 年的《住宅法》中关于清理贫民窟、建设公共住房、促进中心城市改造的城市再开发,是第二次世界大战后遍及美国大城市的城市更新行动的起点。[6]1954 年的《住宅法》中正式使用"城市更新"一词。1958 年荷兰海牙城市更新国际研讨会[7] 首次界定该概念。①

　　纵观西方发达国家城市更新历程,其理念从由物质决定论逐步转为以人为本,实现社会、经济、文化、生态环境可持续改善的综合目标体系;其重点从贫民窟清理,转向社区邻里环境的综合整治、社区邻里活力的恢复振兴,进而致力于城市功能的整体提升;其方式从大规模、激进式地推倒重建,转向小规模、渐进式的有机更新;其组织模式从自上而下的政府主导,到强调市场主导、政府协调的公私双向合作,进而转向政府、公众、私人、其他组织等多元主体的共同治理,更加注重社区参与和社会公平。

---

① 城市更新(Urban Renewal)当时被定义为通过房屋修缮改造、公园街道和绿地环境改善、土地利用和地域地区重新规划的方式创造舒适的生活环境和美丽的市容市貌。

城市更新过程各阶段重点内容、更新措施、组织模式与城市经济兴衰、产业变迁、治理模式密切相关。公众需求是更新的根本驱动；政府政策具有关键性引导作用，是更新实施的有力保障；社会资本提供重要的资金来源，是更新可持续的动力。多元主体的利益博弈制衡着更新规模、速度与品质，促进历史、社会、经济、文化协同发展。当下，可持续发展、以人为本理念引导下的城市更新已成为全世界共识，它强调城市更新的过程性、连续性和对城市历史的继承和保护，并被视为综合协调和统筹兼顾的目标与行动，可以引导解决城市问题，持续改善亟待发展地区的经济、物质、社会和环境条件[8]（图 1-1）。

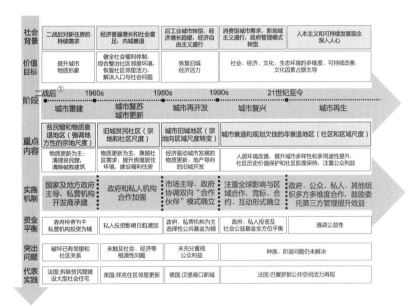

图 1-1 西方国家城市更新历程演变与阶段特征
（图片来源：根据本章参考文献 [9-11] 等绘制）

1.1.2 我国城市更新发展历程与阶段特征

基于社会、经济和体制背景的差异性，我国各时期城市更新价值目标、重点内容、实施机制、政策保障均有不同。中华人民共和国成立后生产性建设和旧城维护阶段，低速城市化，城市更新主要解决居民基本住房问题并采用小规模加建、重建、加固等方式。改革开放后城市功能结构调整和旧城改造阶段，市场经济体制建立，主要以大规模旧城功能结构调整和旧居住区改造为主；理念方面，陈占祥于 20 世纪 80 年代开始我国更新理论研究，将城市更新视为城市新陈代谢的过程，并以推倒重建、历史街区保护、旧建筑修复等方式，振兴城市经济、增强社会活力、改善居住环境、增加税收，最终实现社会稳定和环境改善。[12]20 世纪 90 年代，吴良镛首次提出对城市历史环境进行保护与发

———————————————
① 此处代指第二次世界大战后。

展的"有机更新",强调尊重城市历史、顺应城市肌理,采用适当规模、合理尺度,严格制定改造内容和要求[13],实现我国更新理念从"大拆大建"到"有机更新"的根本性转变。吴明伟提出系统观、文化观、经济观有机结合的旧城改造控制观,为全面系统指导城市更新实践奠定了理论基础。[14]20世纪90年代房地产主导下效益导向的规模化开发及更新改造阶段,城市化加速,福利分房制结束,开始城中村、旧工业区改造与历史街区保护性更新。2012年以后新发展理念下的存量更新阶段,城市化转型,资源环境倒逼存量更新,新型城镇化战略逐步探索确立,强调以人民为中心和高质量发展,重视城市综合治理和社区短板弥补(图1-2)。

图1-2　我国城市更新历程演变与阶段特征
(图片来源:根据本章参考文献[15—18]绘制)

1.1.3　我国老旧小区改造历程与现实背景

我国新时期老旧小区改造的历程可划分为三个阶段。①起步推进阶段(2007—2016年):2007年建设部出台的《关于开展旧住宅区整治改造的指导意见》(建住房〔2007〕109号)是我国首次针对老旧小区改造发布的政策文件,对改造内容、工作机制、资金筹措、维护管理等作出了相关规定,标志着我国旧住宅区整治改造开始探索起步;但在之后很长一段时间,政策重心主要聚焦棚户区和危旧房改造,改造内容主要围绕建筑节能减排和房屋维修养护,老旧小区综合性整治较少;②试点探索阶段(2016—2019年):在"三期叠加"①特定阶段背景下，2015 年底习近平总书记在中央城市工作会议上明确"坚持以人民为中心的发展思想"，提出"要深化城镇住房制度改革""有序推进老旧住宅小区综合整治"，②老旧小区从以往粗放型改造和管理方式上升为综合整治层面。2016 年中共中央、国务院《关于进一步加强城市规划建设管理工作的若干意见》（国务院公报 2016 年第 7 号）提出"有序推进老旧住宅小区综合整治，完善城市公共服务"；2017 年 12 月，住房和城乡建设部发布《关于推进老旧小区改造试点工作的通知》（建城函〔2017〕322号），率先在广州市、厦门市等 15 个城市启动城镇老旧小区改造先行试点，按照"谁受益、谁出资"原则，探索政府、市场和居民的多方资金筹措机制；截至 2018 年底，试点城市已改造老旧小区 106 个，惠及 5.9 万户居民，老旧小区改造的政策逐步细化并趋于综合；③深化创新阶段（2019—2020 年）：2019 年起，国务院常务会议、中央政治局会议等多次重大会议均提出"加快改造城镇老旧小区"，并明确了"重大民生工程和发展工程"的工作性质。2019 年 4 月，住房和城乡建设部会同国家发展和改革委员会、财政部联合印发《关于做好 2019 年老旧小区改造工作的通知》（建办城函〔2019〕243 号），首次将老旧小区改造纳入城镇保障性安居工程并给予中央补助资金支持。同年 9 月，住房和城乡建设部召开老旧小区改造座谈会，进一步推进省市深化试点工作，并积累形成了一批可复制推广经验。

　　当前，我国城市发展进入增量结构调整与存量提质改造并重的新时期。"城市更新行动"成为新时期城市发展的必然趋势与实现城市高质量发展的战略举措。城镇老旧小区改造作为其中涉及面最广、任务最重的工作之一，2020 年 7 月，在总结各地可复制、可推广的经验做法基础上，国务院办公厅印发的《关于全面推进城镇老旧小区改造工作的指导意见》（国办发〔2020〕23 号），在国家政策层面形成了"老旧小区改造"提出制度保障和顶层设计，提出在对老旧小区调查摸底基础上，制定和完善改造内容、标准和计划，按照"实施一批、谋划一批、储存一批"原则，统筹各地改造时序，力争在"十四五"时期末基本完成 2000 年以前建成并需要改造的城镇老旧小区其更新改造任务。此后，国家、地方一系列相关政策出台，我国城镇老旧小区改造进入全面推进阶段。

---

① 2015 年 7 月 30 日，习近平总书记主持中共中央政治局会议，会议指出"我国经济正处于'三期叠加'的特定阶段，经济发展步入新常态"。引自：人民网—人民日报 . 中共中央政治局召开会议　中共中央总书记习近平主持会议 [EB]. 中国共产党新闻网，（2015-07-30）[2015-07-31]."三期叠加"是指我国经济正处于增长速度进入换挡期，结构调整面临阵痛期和前期刺激政策消化期的特定阶段。"三期叠加"是当前中国经济的阶段性特征，"三期叠加"的重要判断，为我们制定正确的经济政策提供了依据。
② 新华社 . 中央城市工作会议在北京举行 [N]. 中国青年报，2015-12-23（03 版）.

006 城市更新与老旧小区改造

各省市积极响应，陆续出台制度机制、配套政策、标准规范等文件，推动城镇
老旧小区改造持续性、深入性地发展。

1.2 我国城市更新与老旧小区改造政策解读

1.2.1 城市更新与老旧小区改造的政策演变

1. 城市更新与老旧小区改造的探索过程

我国新时期城市更新行动由地方实践探索先行，最早于 2009 年由深圳市
制度化 ① 推进。[19]2012 年党的十八大以后，新型城镇化战略逐步确立，进入新
发展理念下的存量更新阶段（图 1-2）。2014 年颁布的《国家新型城镇化规划
（2014—2020 年）》正式提出城市发展方式转为提质为主，"以人为本、四
化同步、优化布局、生态文明、文化传承的中国特色新型城镇化道路"成为路
径选择。基于新发展理念 ② 引领与"五位一体"③ 国家治理体系总框架，关注功
能结构优化、人居环境改善、人民群众福祉水平提高、社会经济活力提升等城
市内涵式发展。2015 年，中央城市工作会议进一步将应对"城市病"作为抓手，
明确集约发展方针与框定总量、限定容量、盘活存量、做优增量、提高质量，
着力提高城市发展持续性、宜居性总体要求。[20]2017 年，为治理"城市病"，
住房和城乡建设部印发《关于加强生态修复城市修补工作的指导意见》（建规
〔2017〕59 号），以改善生态环境质量、补足城市基础设施短板、提高公共服
务水平为重点的"城市双修"工作全面开展。[21]2017 年，党的十九大作出我国
社会主要矛盾已转化的重大论断，"以人为中心"成为城市高质量发展的关键词。
2019 年 12 月，中央经济工作会议首次强调"城市更新"的概念，加强城市更新
和存量住房改造提升，做好城镇老旧小区改造。2020 年 7 月，国务院办公厅
印发《关于全面推进城镇老旧小区改造工作的指导意见》（国办发〔2020〕
23 号），[22] 进一步落实与部署，高度重视提升人民群众生活质量（图 1-3）。

---

① 2009 年，广东省与原国土资源部共建集约节约用地试点示范省，发布《关于推进"三旧"改造促
进节约集约用地的若干意见》（粤府〔2009〕78 号），"三旧"改造工作全面启动。基于其指引，
结合 2004 年以来城中村和旧工业区改造工作经验，深圳市在同年 10 月颁布《深圳市城市更新办法》，
是全国首部城市更新地方政府规章，率先提出"城市更新"概念，在传统旧城改造基础上强化了完善
城市功能、优化产业结构、促进社会可持续发展等内涵，并围绕"城市更新单元"创新了多项政策机
制并开始系统推进。随后又于 2012 年配套出台《深圳市城市更新办法实施细则》，成立土地整备局
为城市更新专门机构。2013 年原国土资源部全面总结广东省"三旧"改造经验后，陆续在辽宁、上
海等 10 个省、市推广，启动城镇低效用地再开发试点。2015 年《上海市城市更新实施办法》、《广
州市城市更新办法》（广州市人民政府令第 134 号）与配套政策等重要文件陆续发布，明确提出"城
市更新"及具体操作规范。
② 习近平总书记在党的十八届五中全会上提出创新、协调、绿色、开放、共享的发展理念。引自：汪
晓东，李翔，王洲. 关系我国发展全局的一场深刻变革 [N]. 人民日报，2021-12-08（01 版）.
③ 党的十八大制定了"经济建设、政治建设、文化建设、社会建设和生态文明建设"五位一体的总体布局。

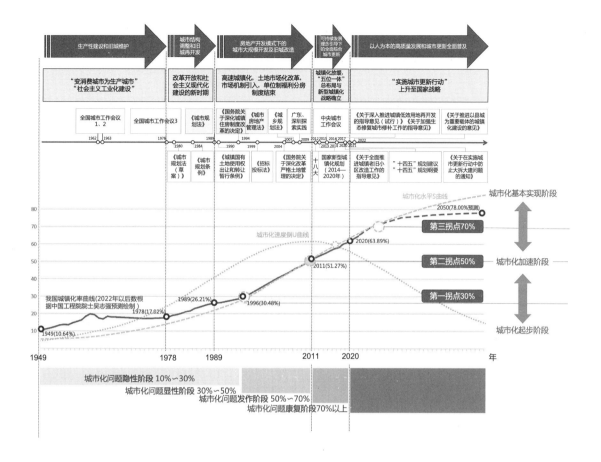

图 1-3　新时期城市更新行动的政策脉络
（图片来源：根据本章参考文献 [15–18] 等绘制）

2. 新时期城市更新与老旧小区改造的政策综述

自 2020 年国家作出实施城市更新行动战略部署以来，党中央、国务院，以及住房和城乡建设部等部门相继出台多项政策要求和实施意见，进一步贯彻落实城市更新行动的方针政策。

1）政策引领　宏观统筹

2020 年 10 月，党的十九届五中全会审议通过《中共中央关于制定国民经济和社会发展第十四个五年规划和二〇三五年远景目标的建议》，将新型城镇化作为 2035 年基本实现现代化的关键举措，首次作出实施"城市更新行动"决策部署。同年，住房和城乡建设部提出建设宜居、绿色、韧性、智慧、人文城市的总体目标。全国住房城乡建设工作会议将实施城市更新行动作为推动城市高质量发展的重大战略举措。2021 年 3 月，十三届全国人大四次会议表决通过了关于《中华人民共和国国民经济和社会发展第十四个五年规划和 2035 年远景目标纲要》的决议，提出"完善新型城镇化战略""加快转变城市发展方式，统筹城市规划建设管理，实施城市更新行动，推动城市空间结构优化和品质提升"。自此，城市更新行动正式上升为国家战略，同时有效衔接国家区域协调发展和乡村振兴战略，共同形成完整的国家空间发展战略体系。2022年 10 月，党的二十大再次明确把新型城镇化作为"着力推动高质量发展"的重要战略，"坚持人民城市人民建、人民城市为人民，提高城市规划、建设、治理水平，加快转变超大特大城市发展方式，实施城市更新行动，加强城市基础设施建设，打造宜居、韧性、智慧城市"。[23]2023 年 7 月，住房和城乡建设部等部门印发《关于扎实有序推进城市更新工作的通知》（建科〔2023〕30 号），从坚持城市体检先行、发挥更新规划统筹作用、强化精细化城市设计引导、创新更新可持续实施模式、明确城市更新底线要求等方面提出扎实有序推进实施城市更新行动，提高城市规划、建设、治理水平，推动城市高质量发展[24]（表 1-1，部分重要政策文件详见附件一）。

表 1-1   新时期我国城市更新行动的国家政策汇编

发布时间	发布部门	文件名（文件编号）	主要内容
2019-12	中共中央政治局	中央经济工作会议	首次重点强调"城市更新"概念：加大城市困难群众住房保障工作力度，加强城市更新和存量住房改造提升，做好城镇老旧小区改造工作，发展租赁住房
2020-07	国务院办公厅	《关于全面推进城镇老旧小区改造工作的指导意见》（国办发〔2020〕23 号）	到 2022 年，基本形成城镇老旧小区改造制度框架、政策体系和工作机制；到"十四五"期末，力争基本完成 2000 年底前建成的需要改造城镇老旧小区改造任务
2020-08	住房和城乡建设部办公厅	《关于在城市更新改造中切实加强历史文化保护坚决制止破坏行为的通知》（建办科电〔2020〕34 号）	推进历史文化街区划定和历史建筑确定工作；加强对城市更新改造项目的评估论证；对涉及老街区、老厂区、老建筑的城市更新改造项目，各地要预先进行历史文化资源调查，组织专家开展评估论证，确保不破坏地形地貌、不拆除历史遗存、不砍老树
2020-08	住房和城乡建设部等部门	《关于开展城市居住社区建设补短板行动的意见》（建科规〔2020〕7 号）	结合城镇老旧小区改造等城市更新改造工作，通过补建、购置、置换、租赁、改造等方式，因地制宜补齐既有居住社区建设短板
2021-03	国务院	《2021 年国务院政府工作报告》国务院公报 2021 年第 8 号	"十四五"时期：深入推进以人为核心的新型城镇化战略……实施城市更新行动，完善住房市场体系和住房保障体系，提升城镇化发展质量
2021-03	—	《中华人民共和国国民经济和社会发展第十四个五年规划和 2035 年远景目标纲要》	加快转变城市发展方式；实施城市更新行动；改造提升老旧小区、老旧厂区、老旧街区和城中村等存量片区功能；保护和延续城市文脉，杜绝大拆大建，让城市留下记忆，让居民记住乡愁
2021-04	国家发展改革委	《2021 年新型城镇化和城乡融合发展重点任务》（发改规划〔2021〕493 号）	实施城市更新行动。在老城区推进以老旧小区、老旧厂区、老旧街区、城中村等"三区一村"改造为主要内容的城市更新行动
2021-05	国务院办公厅	《关于科学绿化的指导意见》（国办发〔2021〕19 号）	结合城市更新，采取拆违建绿、留白增绿等方式，增加绿地。鼓励超、特大城市通过建设用地腾挪、农用地转用等方式加大留白增绿力度，留足绿化空间

续表

发布时间	发布部门	文件名（文件编号）	主要内容
2021-08	住房和城乡建设部	《关于在实施城市更新行动中防止大拆大建问题的通知》（建科〔2021〕63 号）	除违法建筑和经专业机构鉴定为危房且无修缮保留价值的建筑外，不大规模、成片集中拆除现状建筑，原则上城市更新单元（片区）或项目内拆除建筑面积不应大于现状总建筑面积的 20%
2021-09	国家发展改革委、住房和城乡建设部	《关于加强城镇老旧小区改造配套设施建设的通知》（发改投资〔2021〕1275 号）	鼓励社会资本按照谁受益、谁出资原则，专业承包养老托育、停车、便民市场、充电桩等有一定盈利的改造内容；积极引导居民出资参与改造，推动建立党建引领的社区管理机制
2021-09	中共中央办公厅、国务院办公厅	《关于在城乡建设中加强历史文化保护传承的意见》（国务院公报 2021 年第 26 号）	到 2025 年，多层级多要素的城乡历史文化保护传承体系初步构建；到 2035 年，系统完整的城乡历史文化保护传承体系全面建成；历史文化保护传承工作全面融入城乡建设和经济社会发展大局
2021-11	住房和城乡建设部办公厅	《关于开展第一批城市更新试点工作的通知》（建办科函〔2021〕443 号）	确定北京等全国 21 个城市更新试点，探索城市更新统筹谋划机制、城市更新可持续模式以及建立城市更新配套制度等政策
2021-12	住房和城乡建设部	《关于政协第十三届全国委员会第四次会议第 0983 号（城乡建设类 021 号）提案答复的函》	我国城市发展已进入城市更新的重要时期，将城市更新行动上升为国家战略，是加快构建新发展格局的必然要求，也是推动城市高质量发展的客观需要
2022-01	住房和城乡建设部	全国住房和城乡建设工作会议	将实施城市更新行动作为推动城市高质量发展的重大战略举措，健全体系、优化布局、完善功能、管控底线、提升品质、提高效能、转变方式；全面开展城市体检评估
2022-03	国家发展改革委	《2022 年新型城镇化和城乡融合发展重点任务》（发改规划〔2022〕371 号）	有序推进城市更新，加快改造城镇老旧小区，鼓励有条件的加装电梯，市场化推进大城市老旧厂区改造，因地制宜改造一批大型老旧街区和城中村，修缮改造既有建筑，防止大拆大建
2022-05	国务院办公厅	《关于进一步盘活存量资产扩大有效投资的意见》（国办发〔2022〕19 号）	推动老旧小区闲置低效资产改造与转型，依法依规合理调整规划用途和开发强度，开发用于创新研发、卫生健康、养老托育、体育健身、休闲旅游、社区服务或保障性租赁住房等新功能
2022-06	国家发展改革委	《"十四五"新型城镇化实施方案》（发改规划〔2022〕960 号）	重点在老城区推进以老旧小区、老旧厂区、老旧街区、城中村等"三区一村"改造为主要内容的城市更新改造，探索政府引导、市场运作、公众参与模式
2022-06	国家发展改革委办公厅	《关于做好盘活存量资产扩大有效投资有关工作的通知》（发改办投资〔2022〕561 号）	建立协调机制、盘活存量资产台账；灵活采取多种方式，有效盘活不同类型存量资产；加大配套政策支持力度，扎实推动存量资产盘活；开展试点示范，发挥典型案例引导带动作用
2022-07	住房和城乡建设部	《关于开展 2022 年城市体检工作的通知》（建科〔2022〕54 号）	采取城市自体检、第三方体检和社会满意度调查相结合的方式开展城市体检；从生态宜居、健康舒适等 8 个方面建立城市体检评估指标体系
2022-12	国家发展改革委办公厅	《关于印发盘活存量资产扩大有效投资典型案例的通知》（发改办投资〔2022〕1023 号）	挖掘闲置低效资产价值，将盘活存量资产与改扩建有机结合，加大推广有效投资典型案例
2023-07	住房和城乡建设部	《关于扎实有序推进城市更新工作的通知》（建科〔2023〕30 号）	坚持城市体检先行，发挥城市更新规划统筹作用，强化精细化城市设计引导，创新城市更新可持续实施模式，明确城市更新底线要求

（表格来源：作者根据相关政策文件整理绘制）

2）体检先行　全程贯通

作为发现、研究、治理"城市病"的重要抓手，城市体检自 2011 年由深圳首次提出，当下已成为城市更新行动的前置性、常态化制度与精准识别发展短板的重要手段。2019 年以来，住房和城乡建设部推动其从国家部署落实到推动城市高质量发展的具体实践，探索形成"一年一体检、五年一评估"的工作制度。[25] 样本城市从 11 个增加到 59 个，指标从 7 类、36 项扩展到 8 类、69 项。[26] 近年进一步下沉至社区更新层面，结合智慧化、适老适儿化改造与全龄友好、未来社区建设等目标愿景，以及完整社区建设工作、[27] 绿色社区创建行动[28] 的要求同步落实。社区是居民生活、城市治理的基本单元和"最后一公里"，其精细化治理关乎居民获得感、幸福感和满意度，以及国家城市人居环境建设目标、指标的有效落实。实时监测、定期检查、分析评价、反馈校正社区实际运行状态，评估诊断规模、设施、空间、物业覆盖、管理机制等短板问题，为精细化治理提供决策依据（图 1-4）。

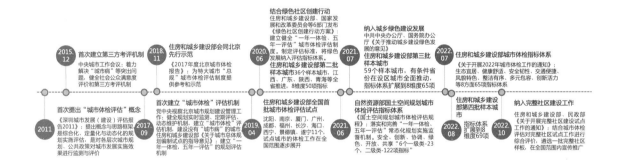

3）统筹规划　严守底线

图 1-4　城市体检评估制度
（图片来源：作者根据相关政策文件整理绘制）

2020 年以后，针对更新中拆除具有保护价值的城市片区和建筑，沿用过度房地产化的开发建设方式等趋向，住房和城乡建设部、国家发展和改革委员会，以及国务院办公厅连续发文《关于进一步加强城市与建筑风貌管理的通知》（建科〔2020〕38 号）、《关于在城市更新改造中切实加强历史文化保护坚决制止破坏行为的通知》（建办科电〔2020〕34 号）、《关于在实施城市更新行动中防止大拆大建问题的通知》（建科〔2021〕63 号）、《关于在城乡建设中加强历史文化保护传承的意见》（国务院公报 2021 年第 26 号），明确提出城市更新中历史文化资源调查、专家评估论证前置制度，以及定调存量资源"经营模式"和小规模、渐进式有机更新和微改造的实施方式。此外，中共中央办公厅、国务院办公厅对 1982 年以来城乡历史文化保护问题首次探索形成城市更新行动背景下的解决方案，明确提出应保尽保，以用促保。留改拆并举、以保留保护为主，形成思想基础、价值基础、基本目标和保障体系下的保护和传承"闭环"。

4）试点探索　精准施策

为落实国家战略部署，促进地方高质量发展，住房和城乡建设部与上海、辽宁、江西、海南等省、市的相关政府部门开展超大城市精细化建设和治理、城市更新先导区、城市体检评估机制等共建合作，为城市更新从行动到共识，从实践探索到制度化、常态化推进探索有效路径。2021 年 11 月，住房和城乡建设部办公厅印发了《关于开展第一批城市更新试点工作的通知》（建办科函〔2021〕443 号），选取 21 个不同发展程度、地域资源禀赋、覆盖全国范围的市（区）为首批试点，引导积极稳妥实施城市更新行动，重点探索统筹谋划机制、可持续模式及配套制度政策。自此，城市更新由部分一二线城市的先行探索，拓展为全国范围的规模性推行，浙江、[29]海南[30]等地方示范也先后开展。[31]

5）机制复制　经验推广

2020—2023 年，住房和城乡建设部贯彻党中共中央、国务院决策部署，大力推进城镇老旧小区改造工作，及时总结地方实践探索经验，先后发布了七批《城镇老旧小区改造可复制政策机制清单》，包括项目生成与审批、存量资源利用、资金筹措、适老化改造、长效管理、工作机制构建、配套政策创新等内容，为城市更新行动顺利开展提供参考。同时，形成老旧小区改造统计调查制度，以及工作衡量标准。此外，在住房和城乡建设部办公厅于 2022 年 11 月发布的第一批《实施城市更新行动可复制经验做法清单》中，从建立城市更新统筹谋划机制，建立政府引导、市场运作、公众参与的可持续实施模式，创新与城市更新相配套的支持政策等方面列出了北京、上海、重庆、苏州等城市更新试点城市可借鉴参考的经验做法[32]（表 1-2）。

表 1-2　城镇老旧小区改造可复制政策机制清单

时间	批次	主要内容
2020-12	第一批	改造工作统筹协调、项目生成，以及资金政府与居民合理共担，社会力量以市场化方式参与，金融机构以可持续方式支持，小区长效管理等机制
2021-01	第二批	坚持居民主体、社区协商、政府支持、多方参与、保障安全的原则，采取一梯一策、多策并举等措施，鼓励既有住宅加装电梯
2021-05	第三批	开展美好环境与幸福生活共同缔造活动，形成动员居民参与、市场力量参与、存量资源整合利用、落实各方主体责任、加大政府支持力度等政策机制

续表

时间	批次	主要内容
2021-11	第四批	实行"居民申请、先征询意见制定方案、后纳入年度计划"的工作机制，采取"1个领导小组+7个工作专班"的组织模式，强化城镇老旧小区改造工作统筹协调
2022-09	第五批	优化项目组织实施促开工、着力服务"一老一小"惠民生、多渠道筹措改造资金稳投资、加大排查和监管力度保安全、完善长效管理促发展等政策机制
2022-11	第六批	北京市统筹协调、项目生成、资金共担、多元参与、存量资源整合利用、改造项目推进、适老化改造、市政专业管线改造、小区长效管理等一揽子改革举措
2023-05	第七批	围绕"楼道革命""环境革命""管理革命"，着力补齐设施和服务短板、强化项目管理确保质量效果、多渠道筹措改造资金、党建引领共建共治共享等

（表格来源：作者根据相关政策文件整理绘制）

1.2.2　新时期城市更新行动的趋势特征

　　自2021年起，地方层面集中发布、修订城市更新行动核心政策。选取行动先导、机制创新、政策较健全的北京、上海、广州、深圳、重庆、天津为典型城市，对比政策导向和经验做法，对其他城市具有一定借鉴意义。总体上，相比片段化城市更新手段，新时期城市更新行动本质是推进以人为核心的新型城镇化。理念内涵更深刻，对象内容更广泛，政策制度更健全，实施路径更明确。因其自身内嵌社会、经济、政治、文化、生态目标，成为全局性、战略性更强的系统工程和更为重大的文化、民生与发展工程，贯穿规划、设计、投资、建设、运营、维护、治理全生命周期。城镇老旧小区改造作为城市更新行动的重要抓手，全面加快推进，并与城市双修、保护更新、有机更新等手段被纳入更系统的行动策略体系，各省市区可根据地方实际情况与发展需求进行侧重和差异安排（图1-5）。

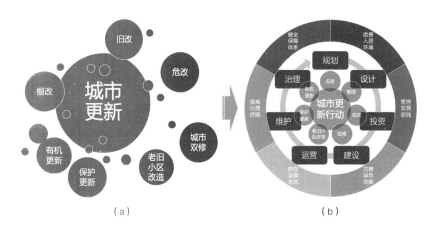

（a）　　　　　　　（b）

图1-5　城市更新行动策略体系示意图
（a）片段化的城市更新手段；
（b）系统性的城市更新行动策略体系
（图片来源：作者根据相关政策文件整理绘制）

1. 理念认知层面

1）理念内涵

理念内涵由单一目标转向系统性与全生命周期，突出以人为本和高质量发展。各地理念内涵主要从范围、定义、原则、方式上界定，具有相似之处。城市发展理念由效益追求转为价值导向。城市更新行动是顺应城市发展规律，以新发展理念为引领，以居民意愿优先、保留保护为主、无体检不更新、无运维不更新原则下的城市体检评估为基础，以"上下结合"统筹城市建设治理为路径，以公众参与式微更新为主要着力点，推动城市高质量发展的综合性、系统性战略行动（表 1-3）。

表 1-3 典型城市实施城市更新行动的理念内涵对比

典型城市	理念内涵	基本原则	主要任务
北京	城市空间形态和城市功能持续完善和优化调整[33]	规划引领、民生优先，政府统筹、市场运作，科技赋能、绿色发展，问题导向、有序推进，多元参与、共建共享	首都功能核心区平房（院落）申请式退租和保护性修缮、恢复性修建，老旧楼宇与传统商圈改造升级，低效产业园区"腾笼换鸟"和老旧厂房更新改造等
上海	持续改善城市空间形态和功能	规划引领、统筹推进，政府推动、市场运作，数字赋能、绿色低碳，民生优先、共建共享[34]	聚焦区域，分类梳理，重点开展综合区域整体焕新、人居环境品质提升、公共空间设施优化、历史风貌魅力重塑、产业园区提质增效，以及商业商务活力再造六大行动
广州	城市空间形态和功能可持续改善建设和管理	贯彻落实新发展理念，强化系统观念、全生命周期管理，推进成片连片更新，强化政府统筹、多方参与，规划引领、系统有序，民生优先、共建共享[35]	通过局部拆建、保留修缮、完善基础设施，以及建筑物功能置换等方式进行城市功能修补、环境品质提升和历史文化遗产活化的微改造
深圳	综合整治、绿色集约、品质提升	政府统筹、规划引领、公益优先、节约集约、市场运作、公众参与[36]	制定城市更新规划与计划，开展综合整治类、功能改变类和拆除重建类城市更新，增进社会公共利益
重庆	城市空间形态和功能整治提升	规划引领，建管并重；生态优先，绿色发展；尊重规律，凸显特质；紧贴民生，安全为本；全域统筹，重点推进[37]	坚持规划战略引领，优化空间发展格局，共建成渝地区双城经济圈，统筹"三生空间"布局，促进生态空间山清水秀
天津	落实京津冀协同发展战略，积极疏解北京非首都功能	坚持党的领导、政府组织、社会参与，坚持问题导向、目标导向、结果导向，坚持系统观念、顶层设计、绣花功夫，坚持改革引领、科技支撑、政策保障[38]	坚持规划引领、四级联动、因事制宜、精准施策，实施科创学圈培育行动、传统商圈复兴行动、都市产业升级行动、完整社区提升行动等

（表格来源：作者根据相关政策文件整理绘制）

2）更新方式

更新方式由增量建设扩张转向存量提质增效，逐渐形成多维度、多层次的要素格局。各地更新内容根据区域发展定位、自身发展阶段和现阶段突出问题，在建设宜居、绿色、韧性、智慧、人文城市整体目标上加以侧重和具体化（表1-4）。城市更新行动以城市整体为对象，内容涵盖改善人居环境、管控发展底线、完善城市功能、转变发展方式、提高治理效能、健全保障体系六大维度（表1-5）。①宏观基于城市高质量发展、新旧动能转换需求和国土空间规划框架，开展城市生态修复，功能布局优化，产业结构升级，历史文化保护，特色风貌管控，基础设施更新改造，城市生命线安全工程建设，安全韧性发展，城市数字化基础设施建设和绿色、智慧化转型等；②中观基于区域现状问题、资源禀赋、主体需求，开展历史城区更新、老旧厂/街区改造、滨水区等公共空间更新，盘活存量资产，打造特色街区；③微观立足民生需求，开展城镇老旧小区和城中村改造、危旧楼房整治、完整社区建设与绿色社区创建等（表1-4、表1-5）。

表 1-4　典型城市实施城市更新行动的内容对比

典型城市	更新目标	更新内容
北京	以新时代首都发展为统领，加强"四个中心"功能建设，提高"四个服务"水平，优化城市功能空间布局，建设国际一流和谐宜居之都[33]	①居住类：保障老旧平房院落、危旧楼房、老旧小区等房屋安全，提升居住品质；②产业类：推动老旧厂房、低效产业园区、老旧低效楼宇、传统商业设施等存量空间资源提质增效；③设施类：更新改造老旧市政基础设施、公共服务设施、公共安全设施，保障安全、补足短板；④公共空间类：提升绿色、滨水空间，慢行系统等环境品质[33]
上海	提升城市能级，创造高品质生活，传承历史文脉，提高城市竞争力，增强城市软实力，建设具有世界影响力的社会主义现代化国际大都市[34]	①加强基础设施和公共设施建设，提高超大城市服务水平；②优化区域功能布局，塑造城市空间新格局；③提升整体居住品质，改善城市人居环境；④加强历史文化保护，塑造城市特色风貌[34]
广州	弘扬生态文明、保护历史文化，加强产城融合、职住平衡、文化传承、交通便捷、生活便利，建设宜居、绿色、韧性、智慧、人文城市[35]	①保护利用历史文化遗产；②完善城市公共服务设施和市政基础设施；③保护生态环境，严守生态安全底线；④优化现有土地用途、建筑物使用功能或者资源利用方式[35]
深圳	加强公共设施建设，提升城市功能品质；拓展市民活动空间，改善城市人居环境；推进环保节能改造，实现城市绿色发展；注重历史文化保护，保持城市特色风貌；优化城市总体布局，增强城市发展动能[36]	旧工业区、旧商业区、旧住宅区、城中村及旧屋村等；①城市基础设施和公共服务设施急需完善；②环境恶劣或者存在重大安全隐患；③现有土地用途、建筑物使用功能或者资源、能源利用明显不符合经济社会发展要求，影响城市规划实施；④经市人民政府批准进行的其他情形[36]
重庆	建设"近悦远来"美好城市，建立健全适应城市存量提质改造体制机制和政策体系，助力建成高质量发展高品质生活新范例[37]	①完善生活功能、补齐公共设施短板；②完善产业功能、打造就业创新载体；③完善生态功能、保护修复绿廊绿道；④完善人文功能、积淀文化元素魅力；⑤完善安全功能、增强防灾减灾能力[37]
天津	在保护中发展，在发展中保护；统筹生产生活生态，提高城市发展宜居性；守住安全底线，让群众住得安心放心[38]	①老旧厂区、老旧街区（包含相应老旧房屋老旧小区改造提升）和城中村等存量片区城市更新改造；②市、区人民政府主导的补齐基础设施短板和完善公共服务设施[38]

（表格来源：作者根据相关政策文件整理绘制）

表 1-5　基于不同维度的新时期城市更新行动的主要内容分析

主要维度	主要内容
改善人居环境	老旧小区改造、城中村改造、完整社区建设、危旧楼房整治、绿色社区创建等
管控发展底线	历史文化保护、特色风貌管控、基础设施生命线安全工程、安全韧性发展、健全治理体系等
完善城市功能	城市生态修复、功能布局优化、产业结构升级、设施短板补齐、产城融合发展、推进职住平衡等
转变发展方式	方法从"拆改留"转为"留改拆"、模式从"单向管理"转为"协同治理"、路径从宗地推进转为区域统筹等
提高治理效能	新型城市基础设施建设、智慧社区建设、运营长效管理、设施即时更新等
健全住房体系	长租房、保障性租赁住房、共有产权住房、推行租购同权等

（表格来源：作者根据相关政策文件整理绘制）

2. 政策制度层面

政策制度由政府主导转向多元主体的利益平衡，营造共建共治共享的新局面。在"政府引导、市场运作、公众参与"实施原则下，政府职能从"多头并重"的单向管理转为引导协调监督的"协同治理"，市场主体从"利益导向"转为"义利兼顾"，社会公众从"需求表达"转为决策共谋、发展共建、建设共管、效果共评、成果共享的"深度参与"，专业群体从"技术理性"转为"多元定位"，探索构建多元主体利益平衡机制下的城市更新与可持续模式。

1）政策框架

各地因地制宜构建与更新目标、行政、运行、实施系统对应的政策框架（表 1-6，图 1-6）。以地方性法规"纲领性"或行政规章"指导性"文件为引领，以行动计划或方案的"计划性"文件为统筹，以规划文件和实施方案的"实施性"文件为支撑，以技术标准的"规范性"和配套政策的"措施性"文件为保障的多层次体系框架渐成雏形（图 1-7），并基于此前瞻性、精细化引导更新全过程、多要素、各环节。

表 1-6　典型城市实施城市更新行动的政策框架对比

典型城市	北京	上海	广州	深圳	重庆	天津
顶层政策	《北京市城市更新条例》	《上海市城市更新条例》	《广州市城市更新条例（征求意见稿）》	《深圳经济特区城市更新条例》	《重庆市城市更新管理办法》	《天津市老旧房屋老旧小区改造提升和城市更新实施方案》
制度框架	1+N+X：《更新条例》+《指导意见》、核心区平房（院落）/老旧小区/老旧厂房/老旧楼宇等管控政策、激励保障措施等+规范和技术标准	1+2+X：《更新条例》+《实施办法》《产业用地转型实施办法》+若干配套文件（配套细则、专项政策和技术规范）	1+1+N：《实施意见》+《工作方案》+15个配套政策	特区法规+更新办法及实施细则等政府规章+技术规范+操作指引	1+2+N：《管理办法》+《更新专项规划》《更新技术导则》技术文件+规划土地、准入审批、产业培育、财政税收配套政策	《实施方案》《规划、土地、调查登记管理实施细则》+《津城更新规划指引》《滨海新区更新专项规划》+《行动计划》+《系列标准》

（表格来源：作者根据相关政策文件整理绘制）

2）纲领性或指导性文件——地方性法规或行政规章

（1）地方性法规：目前我国尚未出台国家层面的城市更新法规，[①]但近年北京市、上海市、广州市、深圳市，以及辽宁省积极开展城市更新条例的立法探索，是目前国内最高级别的城市更新地方性法规（表1-7）。由地方人民代表大会制定，从总则、工作机制、规划计划、项目实施、支持政策、监督管理、实施保障、法律责任等方面（图1-8），为城市更新行政、技术、运作系统制定具体政策体系、制度框架、工作机制、技术标准提供纲领性的法定依据与顶层设计。

图1-6 城市更新行动的政策体系示意（左图）
（图片来源：根据相关政策文件整理绘制）

图1-7 城市更新行动的层级框架示意（右图）
（图片来源：根据相关政策文件整理绘制）

表1-7 典型城市出台的地方性城市更新法律法规

发布时间	实施时间	发布部门	文件名（文件编号）
2020-12-30 发布	2021-03-01 施行	深圳市人民代表大会常务委员会	《深圳经济特区城市更新条例》（深圳市人民代表大会常务委员会公告〔六届〕第228号）
2021-08-21 发布	2021-09-01 施行	上海市人民代表大会常务委员会	《上海市城市更新条例》（上海市人民代表大会常务委员会公告〔十五届〕第77号）
2021-11-26 通过	2022-02-01 施行	辽宁省人民代表大会常务委员会	《辽宁省城市更新条例》（辽宁省人民代表大会常务委员会公告〔十三届〕第83号）
2022-11-25 通过	2023-03-01 施行	北京市人民代表大会常务委员会	《北京市城市更新条例》（北京市人民代表大会常务委员会公告〔十五届〕第88号）
2021-07-07 征求意见	征求意见阶段	广州市住房和城乡建设局	《广州市城市更新条例（征求意见稿）》

（表格来源：作者根据相关政策文件整理绘制）

[①]通过专门立法推动实施城市更新行动是落实国家战略的有效途径，也是国际上许多国家或地区通行的做法。全球范围内代表性的法律有：英国《内城法》，德国《城市更新与开发法》，美国《住宅法》《城市重建计划》，法国《城市更新计划和指导》，日本《都市再生法》《都市再生特别措施法》，韩国《促进和支持城市更新特别法》《城市及居住环境整顿法》。在中国，台湾省亦制定有专门的《都市更新条例》，香港特别行政区有《市区重建局条例》。

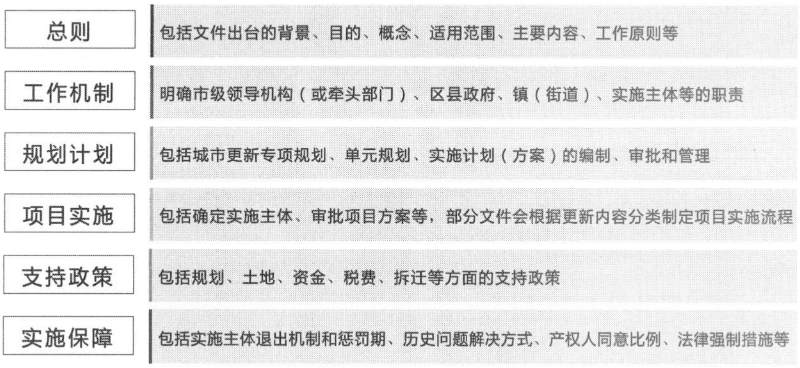

总则	包括文件出台的背景、目的、概念、适用范围、主要内容、工作原则等
工作机制	明确市级领导机构（或牵头部门）、区县政府、镇（街道）、实施主体等的职责
规划计划	包括城市更新专项规划、单元规划、实施计划（方案）的编制、审批和管理
项目实施	包括确定实施主体、审批项目方案等，部分文件会根据更新内容分类制定项目实施流程
支持政策	包括规划、土地、资金、税费、拆迁等方面的支持政策
实施保障	包括实施主体退出机制和惩罚期、历史问题解决方式、产权人同意比例、法律强制措施等

图 1-8　城市更新条例内容
（图片来源：作者根据相关政策文件整理绘制）

（2）地方政策制度：以政府名义发布（部分以党委、政府联合发文），根据发文目的可分为：①意见类，包括意见、指导意见、实施意见，侧重提出原则性、指导性、针对性意见，旨在阐明指导思想、明确目标任务、提出措施办法、作出具体工作部署；②办法类，包括办法、实施办法、管理办法，旨在建立通行的、规范化的操作规定、管理规程，指导具体更新工作；③方案类，包括工作方案、实施方案，是结合地方实际对城市更新作出工作部署、具体实施安排等（表 1-8）。

表 1-8　典型城市出台的地方性城市更新政策制度

发布时间	实施时间	发布部门	文件名（文件编号）
2020-04-30 发布	2020-05-29 施行	成都市人民政府办公厅	《成都市人民政府办公厅关于印发成都市城市有机更新实施办法的通知》（成办发〔2020〕43 号）
2020-09-09 发布	2020-09-09 施行	中共广州市委、广州市人民政府、	《中共广州市委　广州市人民政府关于深化城市更新工作推进高质量发展的实施意见》（穗字〔2020〕10 号）
2020-09-17 发布	2020-09-17 施行	广州市人民政府办公厅	《广州市深化城市更新工作推进高质量发展的工作方案》（穗府办函〔2020〕66 号）
2021-04-02 发布	2021-04-02 施行	福州市人民政府办公厅	《福州市人民政府办公厅关于印发福州市"城市更新+"实施办法的通知》（榕政办〔2021〕28 号）
2021-06-10 发布	2021-06-10 施行	北京市人民政府	《北京市人民政府关于实施城市更新行动的指导意见》（京政发〔2021〕10 号）
2021-06-15 发布	2021-07-15 施行	珠海市人民政府	《珠海经济特区城市更新管理办法》（珠海市人民政府令第 138 号）
2021-06-16 发布	2021-06-16 施行	重庆市人民政府	《重庆市人民政府关于印发重庆市城市更新管理办法的通知》（渝府发〔2021〕15 号）
2021-06-24 发布	2021-06-24 施行	天津市人民政府办公厅	《天津市老旧房屋老旧小区改造提升和城市更新实施方案》（津政办规〔2021〕10 号）
2021-07-14 发布	2021-07-14 施行	住房和城乡建设部辽宁省人民政府	《住房和城乡建设部　辽宁省人民政府共建城市更新先导区实施方案》（辽政发〔2021〕16 号）
2021-11-23 发布	2022-01-01 施行	西安市人民政府办公厅	《西安市城市更新办法》（西安市人民政府令第 146 号）
2022-11-15 发布	2022-11-10 施行	北京市人民政府办公厅	《北京市老旧小区改造工作改革方案》（京政办发〔2022〕28 号）

（表格来源：作者根据相关政策文件整理绘制）

3）计划性文件——行动计划或工作指引

城市更新行动计划是在专项规划基础上，一定时期内为落实城市更新具体工作，明确政府管理部门的责任、工作机制、时序安排的工作计划。此外，上海通过多管理部门联合发文的形式，发布城市更新指引，并将其定位为衔接《更新条例》和各类配套政策的中间层级，全面指导全市城市更新的实施（表 1-9）。

表 1-9　典型城市出台的地方性城市更新政策文件

发布时间	发布部门	文件名（文件编号）
2019-10-22	广州市住房和城乡建设局	《广州市城市更新三年行动计划（2019—2021 年）》（穗建前期〔2019〕1802 号）
2021-08-21	中共北京市委办公厅、北京市人民政府办公厅	《北京市城市更新行动计划（2021—2025 年）》〔北京市政府公报 2021 第 40 期（总第 724 期）〕
2022-06-25	重庆市人民政府	《重庆市城市更新提升"十四五"行动计划》（渝府发〔2022〕31 号）
2022-07-26	天津市住房和城乡建设委员会	《天津市城市更新行动计划（2022—2025 年）（征求意见稿）》
2022-09-09	湖北省住房和城乡建设厅	《湖北省城市更新工作指引（试行）》（厅头〔2022〕1741 号）
2022-11-12	上海市规划和自然资源局、上海市住房和城乡建设管理委员会、上海市经济和信息化委员会，以及上海市商务委员会	《上海市城市更新指引》（沪规划资源规〔2022〕8 号）

（表格来源：作者根据相关政策文件整理绘制）

4）实施性文件——更新规划和实施方案

城市更新专项规划包括落实战略目标、规划分区、重大基础设施等内容，对接城中村综合整治、住房保障、产业空间保障、历史风貌区保护等专项工作，对城市更新的目标、规模及分区、对象类型及更新方式、更新路径及机制、更新分步骤策略及时序等提出指引和部署。落实城市国民经济和社会发展规划战略，引导城市更新工作有序开展（表 1-10）。

表 1-10　典型城市出台的地方性城市更新专项规划

发布时间	发布部门	文件名（文件编号）
2022-02-22	深圳市规划和自然资源局、深圳市发展和改革委员会	《深圳市城市更新和土地整备"十四五"规划》
2022-05-18	北京市人民政府	《北京市城市更新专项规划（北京市"十四五"时期城市更新规划）》（京政发〔2022〕20 号）

续表

发布时间	发布部门	文件名（文件编号）
2022-06-29	成都市住房和城乡建设局	《成都市"十四五"城市建设规划》 （成住建发〔2022〕90 号）
2022-07-12	福州市自然资源和规划局	《福州市城市更新专项规划（2021—2025 年）》
2022-10-28	南京市规划和自然资源局	《南京市国土空间总体规划（2021—2035 年）》 草案（城市更新专篇）
2022-11-02	天津市规划和自然资源局	《天津津城城市更新规划指引（2021—2035 年）》
2022-12-05	济南市人民政府办公厅	《济南市城市更新专项规划（2021—2035 年）》 （济政办字〔2022〕58 号）
2023-03-10	青岛市自然资源和规划局	《青岛市城市更新专项规划（2021—2035 年）》
2023-10-17	天津市规划和自然资源局 滨海新区分局	《滨海新区城市更新专项规划（2021—2035 年）》
2024-01-26	广州市规划和自然资源局	《广州市城市更新专项规划（2021—2035 年）》 《广州市城中村改造专项规划（2021—2035 年）》

（表格来源：作者根据相关政策文件整理绘制）

5）规范性和措施性文件——技术标准和配套政策

技术标准为城市更新提供技术指引和规范支撑。各地将规划编制、审批、策划、实施、监督评估与预警、调整全周期流程中的城市更新技术行为，上升为具有普遍规律性的技术依据。类型涵盖基础通用（各流程相关标准规范）、规划编制审批（总体规划、详细规划和实施方案编制或审批的技术方法和衔接要求）、实施监督（项目在实施管理、监督检查等方面的相关标准规范，强调更新的用途管制和过程监督）、信息技术（规范更新数据库的建立，更新项目管理的信息化、数字化、智慧化水平）几大类（表 1-11、表 1-12）。

表 1-11 部分地方层面城市更新技术标准、规范、规程文件汇编

发布时间	发布部门	文件名（文件编号）
2019-12	珠海市自然资源局	《珠海市老旧小区综合整治更新技术规范指引》
2020-09	河北省住房和城乡建设厅	河北省《老旧小区基础设施及环境综合改造技术标准》 DB13（J）/T 8736—2020
2020-11	河北省住房和城乡建设厅	河北省《老旧小区既有住宅建筑扩建加层改造技术标准》 DB13（J）/T 8386—2020
2020-12	青海省住房和城乡建设厅、 青海省市场监督管理局	青海省《城镇老旧小区综合改造技术规程》 DB63/T 1885—2020
2021-08	北京市住房和城乡建设委员会、 北京市规划和自然资源委员会	《北京市老旧小区综合整治标准与技术导则》 （征求意见稿）

（表格来源：作者根据相关政策文件整理绘制）

表 1-12　部分地方层面城市更新技术导则、指南、指引文件汇编

发布时间	发布部门	文件名（文件编号）
城市更新		
2020-03	广州市住房和城乡建设局	《广州市城市更新项目储备库和前期项目计划管理工作指引》（穗建前期〔2020〕97号）
2021-02	成都市规划和自然资源局	《成都市"中优"区域城市剩余空间更新规划设计导则（征求意见稿）》
2021-07	成都市住房和城乡建设委员会、成都市规划和自然资源局	《成都市公园城市有机更新导则》
2021-07	广州市规划和自然资源局	《广州市城市更新单元详细规划交通影响评估编制指引》
2021-09	广州市住房和城乡建设局	《广州市旧厂房"工改工"类微改造项目实施指引》（穗建规字〔2021〕10号）
2022-03	重庆市规划和自然资源局	《重庆市城市更新规划设计导则》（YQZB 01—2022）
2022-03	重庆市住房和城乡建设委员会	《重庆市城市更新技术导则》（全国首部城市更新技术导则）（渝建发〔2022〕9号）
2022-06	重庆市住房和城乡建设委员会	《重庆市城市更新基础数据调查技术导则》（渝建人居〔2022〕22号）
2022-06	重庆市住房和城乡建设委员会	《重庆市城市更新公众导则》（渝建人居〔2022〕24号）
2022-09	广州市规划和自然资源局	《广州市城市更新实现产城融合职住平衡的操作指引》（2022年修订稿）
		《广州市城市更新单元设施配建指引》（2022年修订稿）
		《广州市城市更新单元详细规划报批指引》（2022年修订稿）
		《广州市城市更新单元详细规划编制指引》（2022年修订稿）
		《广州市关于深入推进城市更新促进历史文化名城保护利用的工作指引》（2022年修订稿）
老旧小区改造		
2020-03	辽宁省住房和城乡建设厅	《辽宁省城镇老旧小区改造技术导则（试行）》（辽住建保〔2020〕2号）
2020-04	江西省住房和城乡建设厅	《江西省城镇老旧小区改造技术导则（试行）》（赣建城〔2021〕11号）
2020-04	安徽省住房和城乡建设厅	《安徽省城镇老旧小区改造技术导则》（2020修订版）
2020-04	湖南省住房和城乡建设厅	《湖南省城镇老旧小区改造技术导则（试行）》（湘建城〔2020〕64号）
2020-04	浙江省住房和城乡建设厅	《浙江省城镇老旧小区改造技术导则（试行）》
2020-07	四川省住房和城乡建设厅	《四川省城镇老旧小区改造更新技术导则（试行）》《老旧小区改造要素设计指引》
2020-07	山东省住房和城乡建设厅	《山东省城镇老旧小区改造技术导则（试行）》JD14—051—2020
2020-09	内蒙古自治区住房和城乡建设厅	《内蒙古自治区城镇老旧小区改造技术导则》DBJ/T03—118—2020
2020-11	辽宁省住房和城乡建设厅	《辽宁省老旧小区改造技术指引（1358工作法）》（辽旧改发〔2020〕2号）
2021-05	广东省住房和城乡建设厅	《广东省城镇老旧小区改造技术导则（试行）》（粤建节〔2021〕80号）
2022-07	山东省住房和城乡建设厅、山东省民政厅	《山东省城镇老旧小区适老化改造指南》

（表格来源：作者根据相关政策文件整理绘制）

　　配套政策由地方政府城市更新行政管理部门颁布。以广州为例，主要包括

针对城市更新城中村综合整治、住房保障、产业空间保障、历史文化保护、公众参与等重点、难点工作制定的专项政策，以及为打通城市更新政策机制、标准规范、审批流程瓶颈堵点的政策细则等内容。其中，政策细则为与城市更新相关各行政部门间、行政部门与社会各部门和个人间的行为（如规划、土地、金融、财税、建设、运营、管理），或为申报与立项、基础数据调查、招商合作、规划编制与审批、项目实施、运营管理、利益分配等关键环节提供决策途径和实施依据，增强城市更新政策的适应性与操作性（表 1-13）。

表 1-13　广州市城市更新配套政策梳理

发布时间	发布部门	文件名（文件编号）
2020-02-21	广州市 住房和城乡建设局	《广州市城市更新项目监督管理实施细则》 （穗建规字〔2020〕15 号）
2020-03-02	广州市 住房和城乡建设局	《广州市城市更新基础数据调查和管理办法》 （穗建规字〔2020〕19 号）
2021-10-09	广州市 住房和城乡建设局	《广州市社会力量以市场化方式参与老旧小区改造 工作机制（征求意见稿）》
2022-03-31	广州市 住房和城乡建设局	《关于在深化城市更新工作推进高质量发展中加强 年度实施计划管理的指导意见》
2022-05-23	广州市住房和城乡建设局、 广州市规划和自然资源局	《关于城市更新项目配置政策性住房和中小户型租 赁住房的意见》

（表格来源：作者根据相关政策文件整理绘制）

6）工作机制

各地基于现行行政体系和机构职能，建构管理端自上而下统筹和需求端自下而上申报机制相结合的高效决策与工作路径。北京市、上海市、重庆市、天津市注重统筹推进，工作重点从"集约利用存量土地"转为"践行'人民城市'"。基于原行政体系，增设市级更新统筹协调机制或领导机构 / 小组，办公室设在住建部门，相关市级行政部门、区县级政府为成员单位；深圳市注重规划引导和土地利用效率提升，在规划和国土资源委员会专设市、区级城市更新和土地整备局；广州市注重专业实施，专设市级城市更新领导机构（原城市更新局撤并）。总体上，北京市、上海市、广州市、深圳市治理更加精细化，采用"市—区（县）—街（镇）"，即市政府统筹协调，区（县）政府主体责任，街（镇）政府具体实施，社区居委会或村民委员会配合的三级政府、四级管理架构。天津、重庆市的"市—区（县）"两级架构更强调政府的责任主体地位。在国家"放管服"改革、社会治理重心下移背景下，基层政府被赋予了更多职责。

7）制度保障

各地均视城市更新为推动城市开发建设方式转型、促进经济发展方式转变的有效途径，基于"加强修缮改造，补齐城市短板，注重提升功能，增强城市活力"目标，通过积极出台土地、规划、财税、金融、审批、治理等相关配套政策制度和标准规范导则，保障低效存量空间盘活与价值优化。值得一提的是，新时期随着国家治理体系和治理能力现代化深入推进，共建共治共享社会治理制度愈加健全，尝试建立并逐渐完善如下工作机制：①城市更新专家委员会（库）咨询制，发挥专家智库的决策咨询和技术支撑作用；②旧城镇更新公众咨询委员会等协商共治或公众参与机制，居民提议—群众商议—社区复议—专业审议—最终决议确保居民全程参与；③责任/社区规划师或建筑师、工程师参与制，充分发挥专业咨询、设计把控、实施监督、意见反馈、政策宣传等职责，形成政府与居民的沟通桥梁，保障规划设计意图落地，实现各类规划有效衔接（表1-14）。

表1-14　典型城市实施城市更新行动的制度保障

大类	小类	制度保障
规划管控	底线管控	建设强度管控、安全韧性管控
	控规调整	用地性质、建筑高度、开发强度
	指标优化	绿地率、人防工程、建筑退线和间距、日照时间、机动车停车数量等
	弹性管控[①]	容积率和建筑面积转移或奖励、原加改扩建政策突破、增加经营性物业面积等
行政管理	立项审批	完善用地手续、简化项目审批流程
	技术标准	标准、规范、规程/导则、指南、指引
文化保护	路径机制	鼓励实施主体参与保护
	保护内容	严格按照相关法律法规保护更新单元内文物保护单位、历史建筑等
土地供给	基本方式	拍挂出让、划拨供地、租赁
	一二级联动开发方式	土地权利人自主改造或协议转让、协议搬迁形成"净地"划拨、带条件招拍挂、"地随房走"整体改造、存量用地资产转型升级等
权益保障	产权关系	不动产登记、公有房承租权的管理和归集、完善产权手续
	性质转换	土地整理、收储、置换，用地出让、违法用地查处、土地出让价款计收等
	征收补偿安置	制定房屋征收方案、签订房屋征收协议、个别征收+行政诉讼；确定补偿标准和方式；居民产权置换和异地安置等
资金平衡	政府财政撬动	纳入政府或部门财政预算、整合专项财政资金

---

① 存量空间转型所需规划指标的弹性管控方法。各地鼓励存量空间资源优先用于保障居民基本生活、补齐城市短板，如建设市政基础、公共服务、防灾安全、防洪排涝设施与公共绿地、公共活动场地等；同时鼓励政府扶持产业与经营性物业，如创新研发、卫生健康、养老托育、体育健身、休闲旅游、社区服务或保障性租赁住房建设等。

续表

大类	小类	制度保障
资金平衡	金融资金支持	国家政策性金融工具、市场金融产品与服务创新
	社会资金参与	市场主体投融资、地方政府专项债、城市更新专项基金、① 国有资产注入
	资金激励措施	行政事业性收费和政府性基金减免、财税扶持、贷款贴息、标杆项目奖补
社会治理	决策咨询	专家委员会 / 咨询制度
	技术支撑	社区规划 / 建筑 / 工程师参与制度
	公众参与	更新公众咨询委员会、旧村庄改造村民理事会、老旧小区改造居民参与机制
调查评估	基础调查	城市级、片区级、社区（项目）级体检机制
	环境评估	土壤污染状况调查等

（表格来源：作者根据相关政策文件整理绘制）

1.2.3　典型城市更新行动的路径对比

城市更新行动实施路径由大拆大建转向小规模、渐进式更新，注重区域统筹与长效运营。各地基于不同的地理位置、文化背景、人口规模、经济水平、发展阶段、资源禀赋、战略规划、现实问题，因地制宜制定针对性的更新路径，确保城市更新的有效实施（表 1-15）。

1. 政策支持

自 2020 年 10 月党的十九届五中全会以来，国家发展和改革委员会、住房和城乡建设部、财政部、民政部、国家体育总局、商务部、文化和旅游部、工业和信息化部等相关部门陆续出台了城市更新行动系列支持政策，进一步加强探索实践，从养老、家政、停车、充电等设施缺口及小区环境、管理方面，建立政府补贴、居民自筹、社会资本参与的多元资金筹措模式。采取完善政策法规，通过低息贷款、税费减免、信用管理、片区整体改造、特许经营、推广"投资＋工程总承包"招标等方式，给予参与老旧小区改造的企业更大优惠政策，合理保障社会资本投资回报和长期运营权益，吸引更多社会资本参与老旧小区改造和运营；另外，通过设立老旧小区改造专项基金、REITs 等方式，加

———————————
① 最早可见于 2016 年 2 月《国务院关于深入推进新型城镇化建设的若干意见》（国发〔2016〕8 号）中"鼓励地方利用财政资金和社会资金设立城镇化发展基金，鼓励地方整合政府投资平台设立城镇化投资平台"。

大金融支持,鼓励金融机构为老旧小区改造项目和相关主体提供低息融资贷款;此外,加强宣传引导和政策解释,充分激发社区居民参与和自愿出资的意愿。

表 1-15   实施城市更新行动的政策保障

发布时间	发布部门	文件名(文件编号)	政策保障措施
2020-03	国家发展改革委	《国家发展改革委关于用好中央预算内投资扎实推进城镇老旧小区改造工作的通知》(发改投资〔2020〕305号)	五、推动建立多渠道资金筹措机制:(一)加大地方政府资金投入力度……推动利用地方政府专项债券,支持通过小区内外土地、房屋等存量资源开发利用实现收益平衡的整体改造项目,以及具有一定收益的配套基础设施、公共服务设施等专项改造项目。研究通过一般公共预算、土地出让收入等渠道加大财政资金投入力度。(二)加大金融支持力度。推动发挥开发性、政策性金融支持……支持小区整体改造项目和水电气热等专项改造项目。鼓励商业银行创新产品品种和服务模式……(三)积极引入社会资本。鼓励以政府和社会资本合作模式(PPP)、工程总承包(EPC)等方式引入社会资本参与改造……鼓励社会资本以"改造+运营"等形式整体参与。对加装电梯、养老、托育、停车、便民市场等有一定盈利的改造内容,鼓励社会资本专业承包单项或多项
2020-11	住房和城乡建设部、体育总局	《住房和城乡建设部 体育总局关于全面推进城市社区足球场地设施建设的意见》(建科〔2020〕95号)	(十一)坚持共建共治共享。探索多元化资金筹措机制,鼓励政企联动,以公建民营、民办公助等多种形式吸引社会资本建设运营社区足球场地设施。增加对社区足球场地设施建设资金投入,通过财政补助、体育彩票公益金、开发性金融等多种渠道对社区足球场地设施建设予以资金支持。坚持公益为主,让社区居民用得起足球场地,共享优质的公共体育服务
2020-12	住房和城乡建设部、中央政法委等10部门	《住房和城乡建设部等部门关于加强和改进住宅物业管理工作的通知》(建房规〔2020〕10号)	(十五)促进线上线下服务融合发展。鼓励有条件的物业服务企业向养老、托幼、家政、文化、健康、房屋经纪、快递收发等领域延伸,探索"物业服务+生活服务"模式……通过智慧物业管理服务平台,提供定制化产品和个性化服务,实现一键预约、服务上门……开展养老、家政等生活性服务业务,可依规申请相应优惠扶持政策
2021-09	国家发展改革委、住房和城乡建设部	《国家发展改革委 住房城乡建设部关于加强城镇老旧小区改造配套设施建设的通知》(发改投资〔2021〕1275号)	(六)推动多渠道筹措资金。推动发挥开发性、政策性金融支持……支持小区整体改造项目和水电气热等专项改造项目。鼓励金融机构参与投资地方政府设立的老旧小区改造等城市更新基金。对养老托育、停车、便民市场、充电桩等有一定盈利的改造内容,鼓励社会资本专业承包单项或多项。按照谁受益、谁出资原则,积极引导居民出资参与改造,可通过直接出资、使用(补建、续筹)住宅专项维修资金、让渡小区公共收益等方式落实
2021-12	住房和城乡建设部办公厅、国家发展改革委办公厅、财政部办公厅	《住房和城乡建设部办公厅 国家发展改革委办公厅 财政部办公厅关于进一步明确城镇老旧小区改造工作要求的通知》(建办城〔2021〕50号)	三、完善督促指导工作机制:(三)健全激励先进、督促落后机制。城镇老旧小区改造工作成效评价结果作为安排下达中央财政补助资金的重要参考。对中央预算内投资执行较好的地方,给予适当奖励。将城镇老旧小区改造工作纳入国务院督查激励事项,以工作成效评价作为确定激励名单的重要依据

发布时间	发布部门	文件名（文件编号）	政策保障措施
2023-02	国家卫生健康委、全国老龄办	《关于开展2023年全国示范性老年友好型社区创建工作的通知》（国卫老龄〔2023〕35号）	各省（区、市）申报名额总数1100个，国家卫生健康委（全国老龄办）将从中评选出2023年全国示范性老年友好型社区1000个
2023-05	中共中央办公厅、国务院办公厅	《关于推进基本养老服务体系建设的意见》	（三）完善基本养老服务保障机制……落实发展养老服务优惠扶持政策，鼓励社会力量参与提供基本养老服务，支持物业服务企业因地制宜提供居家社区养老服务。将政府购买服务与直接提供服务相结合，优先保障经济困难的失能、高龄、无人照顾等老年人的服务需求。具备条件的地方优化养老服务机构床位建设补助、运营补助等政策，支持养老服务机构提供基本养老服务
2023-07	住房和城乡建设部、国家发展改革委、工业和信息化部等7部门	《关于扎实推进2023年城镇老旧小区改造工作的通知》（建办城〔2023〕26号）	二、有序推进城镇老旧小区改造计划实施……立足当地实际，完善公共区域及户内老化管道等安全隐患排查整改资金由专业经营单位、政府、居民合理共担机制，城镇老旧小区改造中央补助资金和地方财政资金可予积极支持
2023-10	民政部、国家发展改革委、财政部等11部门	《积极发展老年助餐服务行动方案》（民发〔2023〕58号）	（十一）加大运营扶持力度。建立"个人出一点、企业让一点、政府补一点、集体添一点、社会捐一点"的多元筹资机制，支持老年助餐服务机构提供稳定可持续的服务。有条件的地方可综合考虑助餐服务人次和质量、老年人满意度等情况，给予老年助餐服务机构一定的运营补助或综合性奖励补助……按规定落实税费优惠政策，用水、用电、用气、用热按规定执行居民生活类价格。鼓励各地出台惠企政策，积极发布单位调动社会力量参与老年助餐服务。支持具备资质的各类经营主体平等参与老年助餐服务，平等享受相关优惠政策
2023-11	商务部、国家发展改革委、民政部、财政部等13部门办公厅	《全面推进城市一刻钟便民生活圈建设三年行动计划（2023—2025）》（商办流通函〔2023〕401号）	（二）强化政策保障……将超市、便利店、菜市场等纳入保障民生、应急保供体系，将智能快件箱、快递末端综合服务场所等纳入公共服务基础设施，有条件的地方可对微利、公益性业态给予房租减免、资金补贴等支持。对于符合条件的企业，按照市场化、法治化原则做好金融服务。支持大型物业公司向民生领域延伸，拓展"物业＋生活服务"。鼓励探索社区基金模式，规范运营管理，引导社会资本参与。按相关规定落实创业补贴、创业担保贷款等支持政策
2023-11	国务院办公厅、国家发展改革委	《城市社区嵌入式服务设施建设工程实施方案》（国办函〔2023〕121号）	（八）统筹建设资金渠道。通过统筹中央预算内投资、地方财政投入、社会力量投入等积极拓宽资金来源。结合实施城镇老旧小区改造，加大对社区嵌入式服务设施建设的支持力度，中央预算内投资对相关项目优先纳入、应保尽保。通过积极应对人口老龄化工程和托育建设中央预算内投资专项对先行试点项目予以引导支持，集中打造一批典型示范……纳入地方政府专项债券支持范围。发挥各类金融机构作用，按照市场化原则……提供支持。鼓励银行业金融机构在政策范围内对符合普惠养老专项再贷款、支小再贷款条件的社区嵌入式服务设施建设项目和服务运营主体予以支持

续表

发布时间	发布部门	文件名（文件编号）	政策保障措施
2024-03	国务院	《推动大规模设备更新和消费品以旧换新行动方案的通知》（国发〔2024〕7号）	（十六）加大财政政策支持力度。把符合条件的设备更新、循环利用项目纳入中央预算内投资等资金支持范围。坚持中央财政和地方政府联动支持消费品以旧换新，通过中央财政安排的节能减排补助资金支持符合条件的汽车以旧换新；鼓励有条件的地方统筹使用中央财政安排的现代商贸流通体系相关资金等，支持家电等领域耐用消费品以旧换新。持续实施好老旧营运车船更新补贴，支持老旧船舶、柴油货车等更新。鼓励有条件的地方统筹利用中央财政安排的城市交通发展奖励资金，支持新能源公交车及电池更新。用好用足农业机械报废更新补贴政策。中央财政设立专项资金，支持废弃电器电子产品回收处理工作。进一步完善政府绿色采购政策，加大绿色产品采购力度
2024-03	住房和城乡建设部	《推进建筑和市政基础设施设备更新工作实施方案》（建城规〔2024〕2号）	（一）完善财税政策。对符合条件的相关设备更新，通过中央预算内投资等资金渠道予以适当支持。通过中央财政资金对住宅老旧电梯更新、既有住宅加装电梯给予补助。落实好公共基础设施、固定资产加速折旧、资源综合利用等税收优惠政策。（二）提供金融支持。运用再贷款政策工具，引导金融机构加强对相关设备更新和技术改造的支持；中央财政对支持建筑和市政基础设施设备更新，符合再贷款报销条件的银行贷款给予一定贴息支持。进一步发挥住宅专项维修资金在住宅老旧电梯更新、既有住宅加装电梯中的作用

（表格来源：作者根据相关政策文件整理绘制）

2. 实施模式

城市更新行动是动态、可持续工程，各地将全生命周期理念贯穿其全过程，加强规划引领和区域统筹，打破点状、单业态项目推进机制。基于规划管控要求，以片区化、综合性单元统筹机制为抓手，通过规划、建设、管理一体化长效模式和小规模渐进式方式，识别不同类型存量资源价值，开展分类规划、引导，创新价值再利用途径，优化空间指标配置。通过保障公共利益，实现区域经济、社会、生态综合价值提升与城市可持续发展。实施模式分为：①依据实施原则，各地在国家鼓励城市发展向"经营"模式转变的政策引导下，均强调规划引领、有序／系统／统筹推进并探索政府引导、市场运作、公众参与模式；②依据实施主体，分为物业权利人自主、政府主导（当地国有企业）、二者直接委托或公开招标引入市场主体、三者合作实施模式；③依据投融资方式，公益性较强项目一般采用政府主导模式，投资方式包括政府直接投资、专项债投资、授权国有企业等。经营性较强、收益机制较清晰项目一般采用市场主体参与的投融资模式，包括政府与社会资本合作、特许经营、政府授权和股权合作实施、资源匹配和项目自平衡方式等。

3. 典型路径

以北京市为例，城市更新面临人口、建设规模"双控"与建设"四个中心"的挑战，在全国率先实现减量发展。在相较其他地区更严格的规划管控条件与制度改革限制下，探索形成"规模约束、功能优化、空间提升"为特征的超大城市高质量发展模式和由集聚资源求增长向疏解功能谋发展的转型经验。如在以功能完善、提质增效、民生改善、严控大拆大建为原则的"街区更新"模式下，以街区为单元形成整体效应，以点带面、以项目带动地区，逐步实现城市结构、品质和功能整体提升。突破性提出市场运作、公众和社会组织参与、责任规划师与建筑师介入、试点先行、一定条件下产权方可协议和作价出资确认实施主体、容许功能复合与转换使用[39]等管理举措。

以上海市为例，城市更新贯彻"人民城市"理念。以建设日常性公共空间为抓手，通过精细化治理解决空间资源分配不均、多元主体能动性不足、居民认同感缺失等管理向度单一问题。如注重文脉传承，2017年率先提出"留改拆并举、以保留保护为主"的原则，[40]以打造可阅读的建筑、可亲近的滨水、可漫步的街道、可休憩的绿化、集约高效的地下空间为主要内容，制定产业、商业、商办、城中村、居住、风貌旧改等分类配套政策。统筹推进、政府推动，建立更新统筹主体遴选机制，兼顾政府意志保障下的公益托底与市场机制驱动下的营利需求。对接精细化治理对灵活性、针对性、实操性路径的需求，采用区域统筹结合零星更新方式，因地制宜、分类指导、一地一策，并坚持各级国土空间规划对更新全生命周期的引领与监管。

以广州市为例，早在2009年"三旧"改造政策中就探索管理制度和政策法规、规划实施管控体系、系统协商和决策机制、更新方式方法，当下已深入到交通、规划、环境、历史文化遗产影响等实施效果评价层面。作为千年商都，基于建设国家中心城市与粤港澳大湾区核心引擎高站位、广视野目标下的产业升级挑战，中心城区多区在完全城镇化背景下，虽面临从"存量"要"增量"的去规模化压力，城市更新仍始终将历史文化保护与人文特色营造置于首位，让城市留下记忆，让居民记住乡愁。2015年《广州市城市更新办法》（广州市人民政府令第134号）[41]先行探索通过"局部拆建、功能置换、保留修缮"方式，实现功能优化、人居提升环境、老城活力激发的微改造模式。新时期进一步将"三旧"改造与微改造相结合，从技术层面在条例中明确项目操作标准。永庆坊的"微改造"实践，不搞大拆大建，实现了老旧建筑修复活化。

以深圳市为例，作为改革开放前沿，全国首个全面城镇化的城市，城市更新注重土地利用效率且市场化程度更高，面临可建设用地匮乏，空间承载力有限，功能结构失衡，商业及新型产业、工改商、工改居远大于工改工用地比例，拆除重建为主综合整治力度不足，总体统筹不足导致空间碎片化、大型民生设施落地困难等现实问题。新时期侧重调结构、提品质，弥补先行先试遗留问题。如始终坚持"公益优先"的原则，以更新单元为实施及整合零散用地的管理单位，通过有机更新融合土地整备二次开发，优化空间资源配置，发挥空间价值。有机更新优先落实配套基础、公共服务设施等公共利益。此外，贯彻国家"放管服"部署，推出"强区放权"行政体制改革，释放街道在城市治理和公共服务的基层活力，提高行政效能。

以重庆市为例，由于山城复杂地貌使城市更新面临可建设用地零散、市政和服务设施不足、治理困难等挑战，也赋予其"山水交融、工业老城、多元文化"资源禀赋优势。坚持"以人为本"的城市发展理念，创新提出"场景营城"理念以克服地形限制，部署"市—区县—乡镇""总规—详规—专项规划"三级三类全覆盖的场景营造项目实施机制。通过空间微更新和场景营造，因地制宜规划、建设和改造并引导公众参与。如山城步道连通轨道、公交站点，解决山城交通系统"最后一公里"难题。精细更新边坡崖坎等边角地为崖壁步道、口袋公园，以及背街小巷等城市"毛细血管"。全面推进社区规划师、公众参与制度，出台全国首部技术导则、基础数据调查技术导则、公众导则，助力解决地形制约下的治理难题。

以天津市为例，城市更新示范项目引领、实践探索先行，试点经验反馈政策供给特征突出。当前已出台实施方案、行动计划、规划指引与规划、土地、调查登记管理实施细则，后续地方立法和其他分区、分类、分要素政策正在积极编制。天津高度重视民生保障，将老旧房屋、老旧小区改造提升置于首位，提出城市更新"政府主导、企业实施、居民参与"原则，已确定天津城投集团和天津泰达投资控股有限公司两个国有平台作为主要实施主体，天津首个批复的大型片区类城市更新项目——金钟河大街南侧片区城市更新项目将民生工程列为重点等做法，可反映出政府层面对更新项目民生属性的保障（表1-16）。

表1-16　典型城市实施城市更新行动的路径对比

城市	北京	上海	广州	深圳	重庆	天津
特色模式	科技赋能绿色发展有序推进共建共享	数字赋能绿色低碳民生优先共建共享	系统推进民生优先共建共享	公益优先节约集约绿色低碳	统筹推进以人为本共建共享	统筹平衡居民参与共建共享
实施路径	拆除重建改建扩建品质提升	区域更新零星更新有机更新	微改造全面改造混合改造	综合整治功能改变拆除重建	保护修缮改造提升拆旧建新	保护改建综合整治拆除重建

（表格来源：作者根据相关政策文件整理绘制）

1.2.4　新时期老旧小区改造的政策分析与现状问题

1. 新时期老旧小区改造的政策分析

　　新时期城镇老旧小区改造工作具有规模大、分布广、涉及人群多的特点，既是民生工程，也是保护工程和发展工程。不仅涉及物质空间环境改造，更涉及制度建设、治理能力等"软环境"内容提升。是贯彻落实习近平总书记"人民城市人民建，人民城市为人民"[23]的重要思想的具体实践，提升城市品质、促进城市转型发展的重要切口，也是提高城市治理水平、打造共建共治共享社会治理格局的重要抓手，对于惠民生、拉投资、促消费具有重要意义。近年，改造工作进一步结合智慧化、适老适儿化改造与全龄友好、未来社区建设等目标愿景，以及完整社区建设工作、绿色社区创建行动的要求同步落实。截至目前，住房和城乡建设部已先后出台七批城镇老旧小区改造可复制政策机制清单（表1-2），推广各地在工作统筹、资金共担、市场化参与等方面涌现出的经验做法，持续探索如何改善群众的居住环境、提升居民的生活品质。新时期重要政策文件内容梳理，详见表1-17。

表 1-17　我国老旧小区改造政策梳理

发布时间	发布单位	文件名（文件编号）	主要内容
2019-02	住房和城乡建设部	《关于在城乡人居环境建设和整治中开展美好环境与幸福生活共同缔造活动的指导意见》（建村〔2019〕19号）	发动社区居民参与老旧小区改造，解决改善小区绿化和道路环境、房前屋后环境整治等
2019-03	国务院	《2019年国务院政府工作报告》（国务院公报2019年第9号）	城镇老旧小区要大力进行改造提升，更新配套设施，增加服务设施
2019-03	住房和城乡建设部办公厅、国家发展改革委办公厅、财政部办公厅	《关于做好2019年老旧小区改造工作的通知》（建办城函〔2019〕243号）	将老旧小区改造纳入城镇保障性安居工程，从调查摸底、改造内容和标准、改造计划、改造实施四个方面提出老旧小区改造要求
2019-07	国务院新闻办公室	国务院政策例行吹风会	做好老旧小区改造，补齐其在卫生防疫、社区服务等方面的短板
2019-07	中共中央政治局	中央政治局会议	实施老旧小区改造、城市停车场、城乡冷链物流设施建设等补短板工程
2019-12	中共中央政治局	中央经济工作会议	明确做好城镇老旧小区改造是2020年的重点工作："加大城市困难群众住房保障工作，加强城市更新和存量住房改造提升，做好城镇老旧小区改造"
2020-04	国务院	国务院常务会议	推进城镇老旧小区改造，是改善居民居住条件、扩大内需的重要举措

续表

发布时间	发布单位	文件名（文件编号）	主要内容
2020-07	国务院办公厅	《关于全面推进城镇老旧小区改造工作的指导意见》（国办发〔2020〕23号）	推进以人为核心的新型城镇化，从总体要求、改造任务、实施机制、资金机制、配套政策、组织保障六个方面明确指导老旧小区改造
2020-08	住房和城乡建设部等13部门	《关于开展城市居住社区建设补短板行动的意见》（建科规〔2020〕7号）	合理确定居住社区规模，落实完整居住社区建设标准，因地制宜补齐既有居住社区建设短板；从总体要求、重点任务、组织实施三个方面提出城市居住社区建设意见
2020-11	—	《中共中央关于制定国民经济和社会发展第十四个五年规划和二〇三五年远景目标的建议》	推进以人为核心的新型城镇化，实施城市更新行动，加强城镇老旧小区改造和社区建设
2021-03	—	《中华人民共和国国民经济和社会发展第十四个五年规划和2035年远景目标纲要》	加快推进城市更新，改造提升老旧小区、老旧厂区、老旧街区和城中村等存量片区功能，推进老旧楼宇改造……保护和延续城市文脉，杜绝大拆大建，让城市留下记忆，让居民记住乡愁
2021-04	国家发展改革委	《2021年新型城镇化和城乡融合发展重点任务》（发改规划〔2021〕493号）	在老城区推进以老旧小区、老旧厂区、老旧街区、城中村等"三区一村"改造为主要内容的城市更新行动
2021-08	住房和城乡建设部	《关于在实施城市更新行动中防止大拆大建问题的通知》（建科〔2021〕63号）	坚持"留改拆"并举、以保留利用提升为主，加强修缮改造，补齐城市短板，注重提升功能，增强城市活力
2021-12	住房和城乡建设部办公厅、国家发展改革委办公厅、财政部办公厅	《关于进一步明确城镇老旧小区改造工作要求的通知》（建办城〔2021〕50号）	推动城市更新和开发建设方式转型，从底线要求、难题攻克、完善机制三方面提出老旧小区改造要求
2022-03	国务院	《2022年国务院政府工作报告》（国务院公报2022年第8号）	提升新型城镇化质量。有序推进城市更新……再开工改造一批城镇老旧小区，支持加装电梯等设施，推进无障碍环境建设和公共设施适老化改造

（表格来源：作者根据相关政策文件整理绘制）

2. 新时期老旧小区改造的现状问题

1）顶层制度方面，更新整体统筹力度需加强

城镇老旧小区改造是一项自上而下与自下而上相结合的系统性工作，既要解决现有问题、提升居民生活品质，又要结合当前城市规划，协调多方利益并合理筹措资金。由于各个老旧小区的情况不同，每个小区的改造均面临不同的挑战，因此，老旧小区改造是一项复杂程度较高、涉及广泛利益的综合性工作，存在诸多制约难点。目前，改造工作缺乏统一的系统规划，实施部门分散、改造内容碎片化等现象明显。当前模式主要由政府主导和组织，居民处于被动接受的状态。

2）资金筹措方面，多方主体相关利益需平衡

目前，我国老旧小区改造的资金主要依靠政府财政投入，部分小区通过居民参与出资，以及社会资本出资方式。然而，三种方式均面临困境。从政府角度，财政资金有限，压力较大，难以单纯依靠财政资金满足改造资金需求。寻求居民出资方式易遭抵触，多数老旧小区位于城市中心，居民多为老人和租户，缺乏良好的缴费习惯，对改造后产生的效益敏感度低，因而缺乏出资积极性。社会资本出资方面，由于尚未形成良好的收益模式和成熟的资本进出机制，资金链缺乏健康循环模式，收益难以保障，导致现阶段老旧小区对社会资本的吸引力不足。

3）居民意愿方面，更新意愿类型多样需协调

如何平衡居民利益、协调居民意愿是老旧小区改造需首要解决的难题，主要集中于以下三方面：①不同居民对改造内容需求差异较大，如在进行老旧小区停车场和上下水管道改造时，常遇到有车无车之争、排水需求不同之争，导致改造工作长期无法推进；②居民对改造费用的意见难以统一，部分改造项目需要业主投入部分资金，但由于各户居民改造意愿不同，导致对资金投入的预期额度存在差异，进而增加了协商难度，如加装电梯工作就是因为楼栋底层住户和上层住户之间利益难以协调而产生非常尖锐的矛盾；③改造后不同位置的物业效益提升程度不同，居民对于利益均衡的要求，增加了协调难度。

4）更新建设方面，改造配套标准需健全

我国老旧小区改造缺乏顶层设计指导，尚未形成完整的技术标准体系。尽管部分地区已根据自身需要制定相应导则和规范，但老旧小区改造涉及问题复杂，如绿化、道路、停车、采光等均难以按新建建筑标准和规范执行，导致改造水平参差不齐，部分项目仅流于形象整改，另有部分项目仅针对建筑单体，缺乏对综合改造、适老和适儿化改造，以及对小区可持续发展的考量。此外，由于缺乏有效引导，老旧小区改造工程中对新理念、新技术、新材料、新设备的应用较少，不利于可持续发展，也不益于相关产业的发展。

5）运营维护方面，长效管理机制需完善

我国老旧小区很多长期处于"准物业"管理或失管、脱管的无序状态。居民习惯不缴费或依赖公共福利，专业化社区服务缺失造成"改造—破坏—改造"的恶性循环。老旧小区改造应是建设、管理与运维并重的长期工作，不仅依赖硬件环境提升，还需长期维护与有效管理。只有建设和管理水平同步提升，才能有效促进老旧小区可持续发展。目前改造项目的物业管理水平难以同步提升，改造后需建立完善的长效管理机制，改造过程包括改造前的动员、部署、协调工作需居民全程参与以形成共识并建立长效运营维护机制。

3. 新时期老旧小区改造的发展机遇

1）时代机遇

我国城市建设在经历了中华人民共和国成立初期补偿型的小规模环境修补、改革开放后聚焦形态空间的旧城改造、20 世纪 90 年代以来快速化的大范围旧城再开发后，现已经进入内涵拓展与机制深化问题交织的高质量发展阶段。2019 年 12 月，中央经济工作会议首次强调"城市更新"这一概念，并进一步阐述了"存量住房改造提升"和"城镇老旧小区改造"等具体行动。2020年 10 月，党的十九届五中全会通过的《中共中央关于制定国民经济和社会发展第十四个五年规划和二〇三五年远景目标的建议》提出"实施城市更新行动"，标志着城市更新上升为国家层面重大的城市发展战略。相关系列政策的发布与实施表明城市更新和老旧小区改造的价值维度在横向拓宽，同时实践尺度在纵向深化。

老旧小区改造是推动城市高质量发展的必然举措。2015 年 12 月，习近平总书记在中央城市工作会议上发表重要讲话，明确指出，要"坚持集约发展，框定总量、限定容量、盘活存量、做优增量、提高质量"，要"有序推进老旧住宅小区综合整治"。[①] 2020 年 7 月，国务院办公厅印发《关于全面推进城镇老旧小区改造工作的指导意见》（国办发〔2020〕23 号），明确提出要"大力改造提升城镇老旧小区，让人民群众生活更方便、更舒心、更美好"。在新发展阶段，推动老旧小区改造，将进一步完善城市功能和服务，是适应改革发展新要求，顺应城市工作新形势，推动城市高质量发展的必然举措，也是国家继推进廉租住房、公共租赁住房建设及棚户区改造等保障性安居工程的又一重大民生举措。

老旧小区改造是回应群众新期待的民生工程。进入新发展阶段，人民群众对日益增长的美好生活需要不断加强。但老旧小区建成年代普遍较早，存在基础条件较差、失养失修失管、市政基础和环境配套设施不齐、社区服务设施不

① 新华社. 中央城市工作会议在北京举行　习近平李克强作重要讲话 [EB]. 中央政府门户网站，2015-12-22.

全等问题，居民改造意愿强烈。实施城市更新行动，推动老旧小区改造，紧扣群众"急难愁盼"民生需求，使社区更加健康安全，设施功能更加完备，环境品质更加绿色宜居，既满足人们基本生活的现代化需求，回应人民群众新期待，也是贯彻"以人民为中心"发展思想的实际行动。可以增强群众的获得感、幸福感、安全感。

2）政策机遇

老旧小区改造是构建新发展格局的重要支撑。老旧小区改造，一头系着民生，一头连着发展，需要大量资金、人力资源投入，有利于增加有效投资、促进就业，对相关行业和经济发展的拉动作用越来越明显。2020 年 4 月，中央政治局会议强调"要积极扩大有效投资，实施老旧小区改造"；2020 年中央经济工作会议在"坚持扩大内需这个战略基点"任务中提到要"要实施城市更新行动，推进城镇老旧小区改造"。城市更新中老旧小区改造除了民生定位外，更被赋予服务双循环新发展格局的功能。加快推进城镇老旧小区改造，是扩大内需、建立内循环的重要举措。

老旧小区改造是各地政策的关注重点。当前，示范先行地区政策体系已经较为完备，从立法到改造标准，以及后期评价已出台相关政策，部分城市已出台实施意见，部分地区通过细化的专项规划进行分类引导。如深圳市于 2009 年就颁布《深圳市城市更新办法》开始探索老旧小区改造，并于 2020 年颁布全国首部城市更新立法《深圳经济特区城市更新条例》实施立法保障。住房和城乡建设部公布的 21 个试点城市中有 16 个城市已出台了一项或更多的纲领性文件且各地侧重点不同，例如：北京市强调减量双控发展要求，实行"留改拆"并举、以保留利用提升为主；长三角地区南京市、苏州市等地都启动了如居住类、历史城区等多个类型的试点项目；沈阳市、苏州市、唐山市传统工业区都尝试探索老旧小区改造与低效工业区相结合的更新路径等。

3）市场机遇

我国城市更新和老旧小区改造的市场空间潜力巨大。据住房和城乡建设部公布数据显示，2000 年以前建成的重点改造对象小区有 21.9 万个，建筑面积达 31.1 亿 m^2。2019—2021 年，全国累计新开工改造城镇老旧小区 11.4 万个，建筑面积约 40 亿 m^2、涉及居民上亿人、超 4200 万户。2019 年以来，中央财政共下达专项资金超 2450 亿元推动老旧小区改造，改造提升各类市政基础及环境配套设施，因地制宜增加医护养老、文化体育等公共服务设施，消除了安全隐患，改善居住环境。[42] 据国务院参事仇保兴估算，我国城镇老旧小区综合改造的投资总额可高达 4 万亿元。[43] 此外，随着国家着力推进"完整社区"建设，通过政府财政资金投入可带动更大规模的社会资本投入，推动惠民的同时扩大内需，有利于探索新的城市发展模式和培育新的经济增长点，老旧小区改造拉动经济增长、扩大有效投资的潜力更大。

防止大拆大建背景下老旧小区资金平衡方式转向多元化。住房和城乡建设部在《关于在实施城市更新行动中防止大拆大建问题的通知》（建科〔2021〕63 号）提出"原则上拆除建筑面积不应大于现状总建筑面积的 20%，拆建比不宜大于 2"等要求，控制各地在城市更新过程中采用大拆大建、过度房地产化的更新方式。老旧小区改造需要建立多元化的资金平衡方式盘活城市存量资产，吸引社会资本参与，原产权单位、实施单位、政府的三方利益平衡。如：①参与有收益项目，根据社区居民的意愿和需求配置经营养老、托育、家政、卫生、助餐等多元业务场景；②盘活存量资源，通过经营空间和新增设施的有偿使用、物业费、广告收入等方式创造现金流；③以片区内旧城区、棚户区、旧厂房、城中村等改造项目搭配或不相邻的城市建设项目与老旧小区改造项目搭配进行补偿等。国家及地方也出台了一系列激励政策，在一定程度上对老旧小区改造项目盈利来源进行补充。如杭州推行"拆改结合"+"适当调整容积率"，在符合城市总规和相关规范的前提下允许改造区块适当调整容积率、建筑控制高度、日照间距和绿地率及公建配比、"拆改结合"增加的住宅面积可以出售等技术标准。从现行经验来看，当前老旧小区改造主要有"物业 +N"的物业主导模式、置换低效闲置空间经营权的"劲松模式"、空房租赁置换的"统筹租赁模式"，以及引入专业运营机构的"城投 + 专营企业"四大类创新模式。各类模式可协同推进。

本章参考文献

[1] 《求是》. 习近平：立足新发展阶段，贯彻新发展理念，构建新发展格局 [Z]. 新华网，2021-04-30.

[2] 史志鹏. 城市更新 中国在行动 [N]. 人民网，2023-01-02（05 版）.

[3] 王蒙徽. 实施城市更新行动（深入学习贯彻党的十九届五中全会精神）[EB]. 人民网，2020-12-29（09 版）.

[4] 张春英，孙昌盛. 国内外城市更新发展历程研究与启示 [J]. 中外建筑，2020(8):75-79.

[5] 张帆，葛岩. 治理视角下城市更新相关主体的角色转变探讨——以上海为例 [J]. 上海城市规划，2019(5)：57-61.

[6] 李文硕.《1949 年住房法》：起源、内容与影响 [J]. 上海师范大学学报（哲学社会科学版），2015，44(6)：44-52.

[7] International B. New Life for Cities around the World: International Handbook on Urban Renewal [C]// International Seminar on Urban Renewal, 1959.

[8] 彼得·罗伯茨，休·塞克斯. 城市更新手册 [M]. 叶齐茂，倪晓辉，译. 北京：中国建筑工业出版社，2009.

[9] Furbey R. Urban "Regeneration": Reflections on A Metaphor [J]. Critical Social Policy, 1999, 19(4): 419-445.

[10] Roberts P. The Evolution, Definition and Purpose of Urban Regeneration [M]. London: Sage Publications, 2000: 29-37.

[11] 走向三方合作的伙伴关系：西方城市更新政策的演变及其对中国的启示 [J]. 城市发展研究，2004(4)：26-32.

[12] 陈占祥. 城市设计 [J]. 城市规划研究，1983(1)：4-19.

[13] 吴良镛. 北京旧城与菊儿胡同 [M]. 北京：中国建筑工业出版社，1994.

[14] 吴明伟，等. 城市中心区规划 [M]. 南京：东南大学出版社，1999.

[15] 丁凡，伍江. 城市更新相关概念的演进及在当今的现实意义 [J]. 城市规划学刊，2017(6):9.

[16] 李建波，张京祥. 中西方城市更新演化比较研究 [J]. 城市问题，2003(5):5.

[17] 王嘉，白韵溪，宋聚生. 我国城市更新演进历程、挑战与建议 [J]. 规划师，2021，37(24)：21-27.

[18] 阳建强. 走向持续的城市更新——基于价值取向与复杂系统的理性思考 [J]. 城市规划，2018，42(6)：68-78.

[19] 景琬淇，杨雪，宋昆. 我国新型城镇化战略下城市更新行动的政策与特点分析 [J]. 景观设计，2022(2)：4-11.

[20] 新华网. 中央城市工作会议在北京举行 [EB]. 央视网，2015-12-22.

[21] 住房和城乡建设部. 住房和城乡建设部关于加强生态修复城市修补工作的指导意见：建规〔2017〕59 号 [EB]. 住房和城乡建设部网站，2017-03-06.

[22] 国务院办公厅. 国务院办公厅关于全面推进城镇老旧小区改造工作的指导意见：国

办发〔2020〕23 号 [EB]. 中国政府网，（2020-07-10）[2020-07-20].

[23] 习近平. 高举中国特色社会主义伟大旗帜 为全面建设社会主义现代化国家而团结奋斗——在中国共产党第二十次全国代表大会上的报告 [M]. 北京：人民出版社，2022.

[24] 住房（和）城乡建设部. 住房（和）城乡建设部关于扎实有序推进城市更新工作的通知：建科〔2023〕30 号 [EB]. 中国政府网，2023-07-05.

[25] 住房和城乡建设部. 关于城市总体规划编制试点的指导意见：建规〔2017〕199 号 [EB]. 住房和城乡建设部官方网站，2017-09.

[26] 住房和城乡建设部网站. 住房和城乡建设部关于开展 2022 年城市体检工作的通知：建科〔2022〕54 号 [EB]. 中国政府网，2022-07-04.

[27] 住房和城乡建设部，等. 住房和城乡建设部等部门关于开展城市居住社区建设补短板行动的意见：建科规〔2020〕7 号 [EB]. 中国政府网，2020-08-18.

[28] 住房和城乡建设部，等. 住房和城乡建设部等部门关于印发绿色社区创建行动方案的通知：建城〔2020〕68 号 [EB]. 中国政府网，2020-07-22.

[29] 新华社. 中共中央　国务院关于支持浙江高质量发展建设共同富裕示范区的意见：国务院公报 2021 年第 18 号 [EB]. 中国政府网，（2021-05-20）[2021-06-10].

[30] 国务院办公厅. 国务院办公厅关于全面开展工程建设项目审批制度改革的实施意见：国办发〔2019〕11 号 [EB]. 中国政府网，2019-03-13.

[31] 宋昆，景琬淇，赵迪，等. 从城市更新到城市更新行动：政策解读与路径探索 [J]. 城市学报，2024（5）：19-30.

[32] 住房城乡建设部办公厅. 住房和城乡建设部办公厅关于印发实施城市更新行动可复制经验做法清单（第一批）的通知：建办科函〔2022〕393 号 [EB]. 中国政府网，2022-11-25.

[33] 北京市住房和城乡建设委员会. 关于对《北京市城市更新条例》公开征求意见的公告 [EB]. 北京市人民政府网站，2022-06-07.

[34] 上海市人民代表大会常务委员会. 上海市城市更新条例：上海市人民代表大会常务委员会公告〔十五届〕第 77 号 [EB]. 上海市规划和自然资源局网站，2021-08-25.

[35] 广州市住房和城乡建设局. 广州市住房和城乡建设局关于对《广州市城市更新条例（征求意见稿）》公开征求意见的公告 [EB]. 广州市城市更新协会网站，2021-07-07.

[36] 深圳市城市更新和土地整备局. 深圳经济特区城市更新条例：深圳市人民代表大会常务委员会公告〔六届〕第 228 号 [EB]. 深圳市人民政府门户网站，2021-03-22.

[37] 重庆市人民政府. 重庆市人民政府关于印发重庆市城市更新管理办法的通知：渝府发〔2021〕15 号 [EB]. 重庆市人民政府网站，2021-06-16.

[38] 天津市人民政府办公厅. 天津市老旧房屋老旧小区改造提升和城市更新实施方案：津政办规〔2021〕10 号 [EB]. 天津政务网，2021-06-22.

[39] 唐燕，张璐. 北京街区更新的制度探索与政策优化 [J]. 时代建筑,2021(4)：28-35.

[40] 上海市人民政府. 上海市人民政府印发《关于坚持留改拆并举深化城市有机更新进

一步改善市民群众居住条件的若干意见》的通知：沪府发〔2017〕86 号 [EB]. 上海市人民政府网站，2017-11-29.

[41] 广州市人民政府办公厅 . 广州市城市更新办法：广州市人民政府令第 134 号 [EB]. 广州市人民政府网站，2015-12-01.

[42] 人民网 . 住（房和城乡）建（设）部："十四五"期间 我国将基本完成 21.9 万个城镇老旧小区改造目标 [EB]. 人民网，2021-08-31.

[43] 文汇 APP. 国务院参事仇保兴：对城镇老旧小区改造正当时 [EB]. 中国政府网，2019-03-13.

第 2 章

评估专题：老旧小区改造评估方法

2.1 老旧小区改造评估的基本原则

"评估"就是对更新改造项目进行调查和论证,为后续更新改造工作实施提供依据。现常借用医学用语"体检"一词,其意思相近。目前住房和城乡建设部及各省市对城市各层级的体检工作已颁布了较为明确的要求,老旧小区改造评估应遵循以下基本原则。

2.1.1 体检先行,规划统筹

在进行老旧小区改造设计或实施之前,应对老旧小区进行全面、客观、科学地评估。本着"无体检不更新"的基本原则,将社区体检作为改造项目实施的前置条件。2015 年 12 月,中央城市工作会议明确提出要健全社会公众满意度评价和第三方考评机制;2017 年 6 月,《中共中央 国务院关于加强和完善城乡社区治理的意见》(2017 年第 18 号)中提出,全面提升城乡社区治理法治化、科学化、精细化水平和组织化程度,促进城乡社区治理体系和治理能力现代化;2020 年 8 月,住房和城乡建设部等部门《关于开展城市居住社区建设补短板行动的意见》(建科规〔2020〕7 号)[1]中指出,居住社区是城市居民生活和城市治理的基本单元,明确提出大力开展居住社区建设补短板行动,提升居住社区建设质量、服务水平和管理能力。

2021 年 4 月,住房和城乡建设部发布的《关于开展 2021 年城市体检工作的通知》(建科函〔2021〕44 号)[2](以下简称《通知》),在 31 个省(市)中选取了城市体检样本城市进行城市体检。2022 年 7 月,住房和城乡建设部发布的《关于开展 2022 年城市体检工作的通知》(建科〔2022〕54 号)[3]中,要求采取城市自体检、第三方体检和社会满意度调查相结合的方式开展城市体检,建立城市体检评估制度,制定城市体检评估标准及年度建设和更新行动计划,并依法依规向社会公开体检结果。老旧小区改造是城市更新走向精细化治理的重要载体,体检评估制度是带动社区、街道乃至城市实现更新和转型发展的媒介之一。2022 年 11 月,住房和城乡建设部办公厅印发的《实施城市更新行动可复制经验做法清单(第一批)的通知》(建办科函〔2022〕393 号)[4]的通知中明确指出,将城市体检和城市更新紧密衔接,把城市体检作为片区更新前置要素。2023 年 7 月,住房城乡建设部发布的《关于扎实有序推进城市更新工作的通知》(建科〔2023〕30 号)明确提出统筹抓好体检工作,坚持问题和目标导向,从住房到小区、社区、街区、城区,全面开展体检工作。

社区体检是城市体检的一个分支，是城市体检评估工作下沉到基层的体现，也是探索基层运行规律、反映基层短板问题的有效途径。总体来说，社区体检关系到人民群众的获得感、幸福感、安全感的提升，是在城市体检体系框架下联合职能部门、社区、居民和产权单位等多方主体，对社区发展状况、规划落实等情况的检查与评估。需强调的是社区体检要做的不仅是对基础数据的摸底调查工作，还包括社区更新潜力分析、现状情况研判、居民意愿协调，以及更新规划建议等内容。[5]

2.1.2　居民自愿，多方参与

党的二十大报告明确指出"健全共建共治共享的社会治理制度，提升社会治理效能"。① 居民参与是新时期社区治理体系中不可取代的重要环节，老旧小区改造是重要的民生工程和发展工程，要在充分尊重居民改造意愿的前提下，提高社区、政府、企业、居民等多方主体的沟通效率，增加决策和实践的科学性及合理性。激发居民参与改造的主动性、积极性，充分调动小区关联单位和社会力量支持、参与改造，实现决策共谋、发展共建、建设共管、效果共评、成果共享。鼓励社区居民在共同解决社区问题过程中，内化契约精神、规则理念，培养社区公共精神，建立社区公共秩序。推动各类主体在积极行动、共同建设的过程中，切实增强社区共同体意识和家园情怀。

2.1.3　因地制宜，精准施策

2020 年 7 月 20 日国务院办公厅发布的《关于全面推进城镇老旧小区改造工作的指导意见》（国办发〔2020〕23 号）[6]中明确提出老旧小区改造应"坚持因地制宜，做到精准施策"。党的十九届五中全会审议通过的《中共中央关于制定国民经济和社会发展第十四个五年规划和二〇三五年远景目标的建议》[7]明确提出，加强城镇老旧小区改造和社区建设，坚持房子是用来住的、不是用来炒的定位，实行租购并举、因城施策。老旧小区改造评估应针对老旧小区特点，科学确定改造目标，合理分类，既尽力而为又量力而行，不搞"一刀切"、不层层下指标，可持续稳步有序开展。同时，要合理制定改造方案，与绿色社区创建行动、居住社区建设补短板行动等工作同步进行。

---

① 新华社 . 习近平：高举中国特色社会主义伟大旗帜为全面建设社会主义现代化国家而团结奋斗——在中国共产党第二十次全国代表大会上的报告 [EB/OL]. 中国政府网，（2022–10–16）[2022–10–25].

2.1.4　长效管理，即时更新

在《关于全面推进城镇老旧小区改造工作的指导意见》（国办发〔2020〕23号）中明确提出，以加强基层党建为引领，将社区治理能力建设融入改造过程，促进小区治理模式创新，推动社会治理和服务重心向基层下移，完善小区长效管理机制。在改造前应对老旧小区进行改造潜力评估，在改造中应对老旧小区改造的策划、设计与建设进行过程评估，在改造后应对居民满意度等进行效果评估，以确保多方利益主体在老旧小区改造中的相关权益，实现社区更新的健康、顺利和可持续发展。同时，为保障老旧小区改造的有效性和可持续性，要树立"无运维不更新"的理念，即在前期策划阶段就要有运维企业介入，建立完善的小区物业管理机制。在后期运维过程中要引入智能化物业管理系统等先进的管理技术，提高小区管理效率和服务水平。实现贯穿老旧小区全生命周期的长效管理机制，及时发现和解决小区内的各类问题，做到即时更新，避免再现老旧小区的整体性衰败。

2.2　老旧小区改造评估的主要依据

老旧小区改造评估的依据主要分为三种类型，即政策法规依据、上位规划依据和技术标准依据。①政策法规是老旧小区改造评估的基础性依据，主要包括国家或地方政府为了解决老旧小区改造的问题而颁布的法律法规、规章制度、指导意见等文件；②上位规划是老旧小区改造评估的指导性依据，主要包括城市总体规划、城市中心区规划、控制性详细规划等；③技术标准是老旧小区改造评估的保障性依据，主要包括国家及地方社区更新规划标准、既有建筑改造标准、工程施工标准等。三种依据构成了老旧小区改造评估的价值体系，缺一不可，相辅相成，相互兼容。

2.2.1　政策法规依据

政策法规作为老旧小区改造评估的基础性依据，主要包括国务院办公厅发布的《关于全面推进城镇老旧小区改造工作的指导意见》（国办发〔2020〕23号）、住房和城乡建设部等部门发布的《关于开展城市居住社区建设补短板行动的意见》（建科规〔2020〕7号），住房和城乡建设部办公厅等部门发布的《关于进一步明确城镇老旧小区改造工作要求的通知》（建办城〔2021〕50号）及《城镇老旧小区改造工作衡量标准》，住房和城乡建设部

图 2-1　国家及相关部委颁布的部分政策文件

发布的《关于在实施城市更新行动中防止大拆大建问题的通知》（建科〔2021〕63号），中共中央、国务院办公厅发布的《关于在城乡建设中加强历史文化保护传承的意见》（国务院公报2021年第26号），以及各地出台的城市更新条例、指导意见、实施办法等（图2-1）。

2.2.2　上位规划依据

上位规划作为老旧小区改造评估的指导性依据，主要从老旧小区改造、建设、治理层面提出方向引领，是社区精细化治理和可持续发展的重要依据，也是社区高质量发展的重要前提。具体包括社区所在城市的城市总体规划、城市更新专项规划、社区生活圈规划、绿色社区、智慧社区等更新专项规划，以及更新地块对应的控制性详细规划（图2-2）。上位规划应贯穿于老旧小区改造的"规划、建设、管理"全过程，对于社区的可持续发展具有重要战略意义。

2.2.3　技术标准依据

技术标准作为老旧小区改造评估的保障性依据，为老旧小区改造工作的顺利开展提供必要的技术保障。主要包括城市更新规划编制指南、城市更新指引、

图 2-2 典型城市老旧小区改造上位规划——《三亚市社区生活圈专项规划》（批后公布稿）

（a）　　　　　　　　　　（b）　　　　　　　　　　（c）

城市更新规划设计导则、城市更新技术导则、城市更新公众导则、老旧小区综合整治标准与技术导则、老旧小区综合改造技术规程、老旧小区综合整治更新技术规范指引、老旧小区适老化改造指南等，对于老旧小区改造工作的有序、高效开展具有方向指引和技术支撑作用（图 2-3）。

图 2-3 典型城市老旧小区改造技术标准
（a）天津"津城"城市更新规划指引（2023—2027 年）；
（b）重庆市城市更新技术导则；
（c）重庆市城市更新公众导则

2.3　老旧小区改造评估的主要内容

2.3.1　居民意愿评估

党的十九大报告提出打造共建、共治、共享的治理新格局，实现政府引导、居民自治的良性互动。居民参与社区公共事务有利于治理新格局的构建。"十四五"规划将构建基层社会治理新格局，夯实基层社会治理基础，健全社区管理和服务机制，积极引导社会力量参与基层治理列为重要内容。党的二十大报告再次强调，积极发展基层民主，健全基层党组织领导的基层群众自治机制，加强基层组织建设，完善基层直接民主制度体系和工作体系，拓宽基层各类群体有序参与基层治理渠道。居民参与不仅是评估过程的一部分，而且是确保评估结果公正、真实、有效的关键因素。主管部门和实施部门在进行居民意愿评估时，应明确评估流程和内容，提供有效的参与途径，充分回应公众的意见和疑问（详见附录一、附录二）。

1. 居民意愿评估流程

居民参与是民主和社会参与的重要组成部分，它贯穿于居民在老旧小区改造决策和公共事务中发挥作用的全过程。通过公众参与，居民可以表达意见、提供建议和参与决策制定，促进治理过程更加公平、开放和透明，增强民主的合法性和可信度，提高政策的质量和效果，同时也能够增进社区的凝聚力和社会发展的可持续性。

居民意愿评估主要用于了解掌握居民对某个项目、计划或政策的态度和意见，通常包括四个步骤（图2-4）：①明确评估工作的实施主体，可由老旧小区改造的责任主体、实施主体或居民自发组织中的一方或多方担任主体角色；②通过问卷调研、访谈等方式，对居民进行意见征询，收集居民对改造需求和意愿的信息；③对所收集的信息进行整理、分析，以了解居民的态度和意见；④根据评估结果，编写评估报告，向居民和其他相关方公开展示，并对居民的疑问和意见作出回应和反馈。

图 2-4　居民意愿评估流程

2. 居民意愿评估内容

国务院办公厅发布的《关于全面推进城镇老旧小区改造工作的指导意见》（国办发〔2020〕23号）中明确提出以人为本，居民意愿优先，从人民群众最关心、最直接、最现实的利益问题出发，在征求居民意见之后合理确定改造内容。居民意愿应贯穿于老旧小区改造评估全过程，是改造工作顺利开展实施的重要保障。在老旧小区改造中，居民意愿评估主要从以下几个方面进行：居民关于老旧小区改造需求和意愿；改造的具体范围和重点内容；期望参与改造决策和实施过程的方式；对改造项目资金来源的看法和意愿；对改造工程时间安排的期望；对改造过程中监督机制的建议等。

2.3.2　历史价值评估

在2020年7月20日国务院办公厅发布的《关于全面推进城镇老旧小区改造工作的指导意见》（国办发〔2020〕23号）中指出"坚持保护优先，注重历史传承"。《中华人民共和国国民经济和社会发展第十四个五年规划和2035年远景目标纲要》中指出"保护和延续城市文脉，杜绝大拆大建，让城市留下记忆、让居民记住乡愁"。2021年8月30日住房城乡建设部发布的《关于在实施城市更新行动中防止大拆大建问题的通知》（建科〔2021〕63号）中指出"坚持应留尽留，全力保留城市记忆"。"鼓励采用'绣花'功夫，对旧厂区、旧商业区、旧居住区等进行修补、织补式更新"。2021年9月12日中共中央办公厅、国务院办公厅印发的《关于在城乡建设中加强历史文化保护传承的意见》（国务院公报〔2021〕26号）中指出"切实保护能够体现城市特定发展阶段、反映重要历史事件、凝聚社会公众情感记忆的既有建筑"。因此，历史价值评估是老旧小区改造工作的前提和重要基础。

1. 评估方法

老旧小区历史价值评估应基于保护优先的原则，根据国家及地方标准规范等，按照社区类型选择不同的评估方法，通过文献研究、现状调查和访谈等多种方式，同时结合多方面的信息进行综合性判断。具体评估内容包括：①老旧小区及其周边的国土资源信息、历史沿革及价值保护、历次控制性及修建性详细规划、城市设计等规划设计资料，历史文化街区、文物与历史（风貌）建筑信息及其保护要求；②自然环境、人文环境、产权地块、建筑肌理的现状及变迁历史，规划设计特色，重要历史事件和重大自然灾害的遗迹；③投资、建设、设计、管理等单位，以及产权人、使用人的变化情况等。

2. 历史沿革调查

历史沿革调查包括小区的建成时间、历史背景、发展历程；建筑风格、特征和历史价值、内部重要建筑物（含文保建筑、传统风貌建筑和具有保护价值的老建筑）的历史信息、内部重要事件的记录、历史沿革对周边环境和社会的影响、其他相关信息（如政治、文化、经济等方面的信息）等。具体的调查方式可包含资料收集：①从政府部门、小区管理机构、社区居民等多方面收集相关资料；②实地调查：进行实地考察，对小区的建筑、环境、公共设施等进行详细观察；③访谈采访：通过采访小区的居民、管理人员、历史学者等获取相关信息；④数据分析：对收集的资料进行整理分析，得出小区的历史沿革等信息。

3. 居民记忆调查

社区是城市的重要组成部分之一。习近平总书记在谈到城市规划和建设时指出，要注重人居环境改善，要多采用"微改造"这种"绣花"功夫，注重文明传承、文化延续，让城市留下记忆，让人们记住乡愁。[①] 小区的文化记忆和历史元素是乡愁的主要载体之一。

社区记忆调查内容包括：①历史文化遗产：调查居民对于社区历史和文化遗产的了解和认同程度，包括传统建筑、文化活动、历史事件等；②社区发展演变：了解居民对社区发展过程的回忆和理解，包括社区的起源、发展阶段、重要变迁等；③社区故事和传统：收集居民的个人故事、家族传统，以及与社区相关的民间传说等；④社区活动与节庆：了解居民对社区活动和节庆的参与和记忆，包括庆祝活动、集体娱乐、社交聚会等；⑤社区人物和组织：调查居民对于在社区中有重要影响力或贡献的人物和组织的认知和评价，包括社区领袖、志愿者团体、社区组织等；⑥社区变迁与挑战：了解居民对社区面临的变迁和挑战的观察和看法，包括城市化影响、社会经济变化、环境问题等。可通过社区记忆调查，收集和记录居民对于社区历史、文化和发展的重要信息，有助于保护和传承社区记忆，并为社区健康可持续更新和发展提供重要参考（图 2-5）。

社区记忆调查可采用①访谈调查：通过面对面或电话访谈方式，选择代表性居民，包括长期居住在社区的老年人、有特殊经历或见证重要事件的居民等进行深入交流，询问他们的回忆、故事和观点，请他们绘制社区记忆地图等（图 2-6）；②问卷调查：设计包括社区历史、文化、活动等方面问题的问

---

① 新闻联播.「奋进新征程 建功新时代 – 伟大变革」留下记忆记住乡愁 城市建设呈现新面貌 [N]. 央视网，2022–03–20.

社区记忆调查		
社区历史文化遗产	**社区的发展与演变**	**社区的故事和传统**
传统建筑 文化活动 历史事件	社区起源 发展阶段 重要变迁	居民故事 家族传统 民间传说
社区的活动与节庆	**社区的人物和组织**	**社区的变迁与挑战**
庆祝活动 集体娱乐 社交聚会	社区领袖 志愿团体 社区组织	城市化影响 社会经济变化 生态环境问题

图 2-5　社区记忆调查

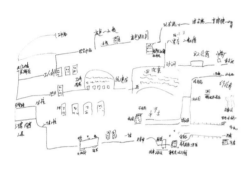

图 2-6　成都曹家巷社区老人通过意象地图方法手绘对社区的记忆（左图）
（图片来源：社区宣传栏）

图 2-7　成都曹家巷社区居民在红砖上分享的记忆（右图）

卷，发放给社区居民填写，也可通过在线平台、纸质调查表等方式进行；③小组讨论会：组织社区居民参与小组讨论会，分享自己的记忆、故事和观点；可根据不同主题或问题设定小组，并邀请适量的居民参与；④社区活动参与：利用社区活动的机会，设置展板、摆放记忆箱等形式，鼓励居民分享自己的社区记忆（图 2-7），也可组织社区展览、文化节庆等活动，吸引居民积极参与并分享他们的故事；⑤数字化存档：利用现代技术手段，如录音、摄像等，将居民的口述历史和记忆进行数字化存档，以更好地保留和传承社区记忆，并方便后续研究利用等。此外，在进行社区记忆调查时，需要注意确保居民参与的自愿性和隐私保护，并尊重他们的意见和故事，合理选择调查方法，充分收集社区记忆多样性和全面性（图 2-8），为后续更新设计提供依据（图 2-9）。

图 2-8　居民提供的更新前老照片展示了社区红砖房特色风貌（左图）
（图片来源：社区宣传栏）

图 2-9　设计尊重居民记忆意象，利用旧房红砖和居民门牌号码砌筑景观墙展示社区记忆（右图）

图 2-10 社区历史价值特征分析

4. 历史价值特征分析

　　社区历史价值特征分析是指对社区的历史文化、社会经济、环境、建筑和城市规划等方面进行评估和分析。①历史文化：了解社区的历史、文化传统、地方艺术和人文环境等；②社会经济：评估社区的经济活力、就业情况、居民收入水平等；③社区环境：评估社区的环境质量、生态系统、公共绿地等；④社区建筑包括：评估社区内的建筑类型、风格、建成年代等，并识别具有保护价值的建筑物；⑤城市规划：评估社区的规划定位，了解其与周边地区的关系；⑥社区人口：评估社区的人口结构、人口增长情况等。这些内容的评估和分析有助于了解社区的历史价值特征，有利于保护和传承社区的历史文化遗产，并为未来的发展提供基础（图 2-10）。

　　在老旧小区改造过程中，社区历史文脉的传承是塑造城市形象、延续区域风貌的必要环节。尊重社区居民的生活方式和文化传统，保留老旧小区的保护性建筑、传统风貌建筑和具有保护价值的老建筑；保留历史文化街区的历史风貌和建筑风格，在此基础上进行必要的维修和翻新，提升街区品质；全面开展城市设计工作，优化空间和布局，加强老旧小区与城市其他区域的联系，展现新时代背景下的城市特色风貌。传承历史不是照搬历史，而是提取其中具有价值且符合新时代精神的部分，结合地域特色对其进行有机延续和营造，为区域注入新的活力，形成独特的城市空间（图 2-11）。

　　社区历史价值特征分析的方法可采用①文献研究：通过查阅历史文献、档案资料、地方志等了解社区历史背景、发展过程、重要事件等（图 2-12）；②实地考察：对社区内建筑物、街道布局、公共空间、自然景观等进行实地调研，通过观察和记录建筑风格、历史特征、建筑材料等，评估其历史和文化价值（图 2-13）；③专家评估：邀请历史学家、建筑师、文化遗产等相关领域专家对社区历史意义、建筑风格、文化价值等进行评估和判断；④社区居民参与：

图 2-11　重庆市民主村社区便利店对 20 世纪 80 年代居民楼特色元素的有机延续

图 2-12　20 世纪 90 年代天津市靖江东里以七一二厂符号为特色的景观设计（上左图）
（图片来源：天津市河北区城市建设志）

图 2-13　靖江东里带有七一二厂标志的围墙现已破损严重(上右图)

通过与社区居民交流和访谈了解其对社区历史的认知、记忆和情感；⑤社区调研：通过问卷调查、座谈会、小组讨论等形式，收集居民对社区历史的看法和评价（图 2-14）；⑥比较分析：将社区与其他类似历史背景或文化特征的社区进行比较分析，评估其整体独特性和价值等（图 2-15）。

5. 历史价值传承

2021 年中共中央办公厅、国务院办公厅印发的《关于在城乡建设中加强

图 2-14　居民记忆深刻的七一二厂标志围墙已消失在时光岁月中（下左图）

（图片来源：天津市建筑设计研究院提供）

图 2-15　改造项目对居民意愿征集中百姓记忆深刻的月亮门及符号围墙予以意象性恢复（下右图）

历史文化保护传承的意见》（国务院公报 2021 年第 26 号）中提出，将历史文化与城乡发展相融合，发挥历史文化遗产的社会教育作用和使用价值，注重民生改善，不断满足人民日益增长的美好生活需要。社区的历史价值传承是城市文脉和社区记忆的重要载体，对社区特色营造和可持续发展起到至关重要的作用。老旧小区历史价值传承评估包含：①历史遗存建筑、保护性建筑、传统风貌建筑的保护与修缮情况；②社区教育、文化展览、家庭教育、社区讲座等活动的举办情况；③通过整理历史资料、图片、档案等方式激发社区对历史文脉的兴趣情况；④通过保存历史资源，建立相关纪念场所，收集、保存、展示历史遗存等方式提高社区对历史价值的认识情况。

2.3.3　设施性能评估

设施性能评估是对老旧小区的基本情况、内部公共服务配套及设施情况、市政配套设施及公共管网情况、小区内环境及综合治理情况，以及居民使用状况的综合反映。其评估内容包括安全性、完好性、完备性、适用性、便利性等指标。①安全性指标主要反映现状设施是否存在安全性隐患，例如，是否存在危房、违建、消防车道不合规、消防设施缺失等情况，涉及安全及安全隐患的应列明；②完好性指标主要反映现状设施的完损及可用程度，涉及设施损伤及无法使用的情况应列明，例如，配套设施损伤、渗漏，道路损坏，管道跑、冒、滴、漏，排水管网堵塞等情况；③完备性指标主要反映现状设施配置是否齐全、完善，是否满足小区配置标准，例如公共服务配套及设施、公共照明设施、安防设施、适老化及无障碍设施、停车设施、环境及卫生设施、雨污分流等；④适用性指标主要反映现状设施在正常使用条件下，达成预定使用目标，该指标结合设施专业及居民使用评价调查确定；⑤便利性指标主要反映现状设施是否能够为居民提供全面的、便利的、舒适满意的使用条件，可结合居民使用优良性评价调查情况等进行综合性确定。

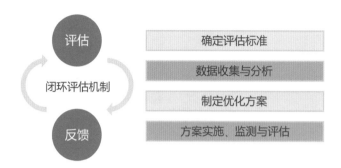

图 2-16 设施性能评估流程

1. 设施性能评估流程

老旧小区改造中设施性能评估是一个必要环节，其流程一般包括：①确定评估标准：包括性能指标、质量要求、技术规范等；②数据收集与分析：收集设备参数、运行状况、使用效果等数据，同时也可以通过居民调查等方式获取居民的反馈和意见，并通过数据统计、可视化、问题分类等方式将数据进行处理和分析，得出设施的性能和质量情况；③制定优化方案：根据性能评估的结果，从技术改进、设备替换、维护保养等措施制定设施的优化方案；④方案实施、监测与评估：按照优化方案，结合居民的意见反馈，对设施性能进行优化，同时对优化后的设施进行监测和评估，建立"评估——反馈——评估"的闭环评估机制（图 2-16）。

2. 设施性能评估方法

老旧小区的设施性能评估应由具有专业测绘、鉴定、检测资质的专门技术服务机构进行。可采用现场勘察、资料审阅、问卷调研、居民调查、现状分析研究等多种方式进行建筑产权信息调查、房屋管理登记信息查阅（改造维修的登记信息）、建筑及环境测绘、结构检测及鉴定、管线测绘等（详见附录三）。

3. 设施性能评估内容

老旧小区中的设施主要包括市政基础设施、环境配套设施和公共服务设施三种类型，不同的设施类型应因地制宜采用不同的性能评估方法（图 2-17），其中：

设施性能评估类型及方法		
市政基础设施性能评估	**环境配套设施性能评估**	**公共服务设施性能评估**
可靠性、安全性、结构性能、防火抗震防爆、供水稳定性、资源利用效率、运营成本、可再生能源消耗与利用等	健康与安全性能、垃圾处理效率、能源利用效率、水资源利用、交通可达性、适老化无障碍设施完善性及居民满意度等	可达性与覆盖范围、服务质量及效率、容量与资源情况、可持续性与友好性、社会性和影响力评估等

图 2-17 设施性能评估类型及方法

市政基础设施性能评估包括：设施在正常运行条件下的可靠性评估；设施安全性：设施结构性能、防火抗震能力，以及防火防爆等级评估；道路交通设施的通行能力、供水设施的供水稳定性等功能性评估；设施资源利用效率、能源消耗、运营成本等效率评估；设施的环境友好性、社会影响、可再生能源利用情况等评估。

环境配套设施性能评估包括：设施的健康与安全性能评估；废水处理设施的效果、垃圾处理设施的处理效率、能源利用效率等环境保护性能评估；设施的能源消耗、水资源利用、材料使用等方面的可持续性能评估；设施的交通可达性和使用便利性；适老化无障碍设施的完善性评估；居民使用设施的满意度评估等。

公共服务设施性能评估包括：设施可达性与覆盖范围评估；设施的服务质量及效率评估；设施容量与资源情况评估；设施的可持续性与友好性评估；设施的社会性和影响力评估等。

2.3.4　建筑环境评估

1. 建筑本体

建筑本体结构直接影响到居民的生命财产安全。老旧小区由于建造的基础、条件和标准各异，部分老旧小区的建筑已产生变形与损伤的情况，所以对建筑本体进行安全的评估与鉴定十分重要（图 2-18）。评估鉴定应由具有专业资质的评估机构进行。具体评估内容主要包括：房屋荷载和使用条件的变化，房屋渗漏程度，屋架、梁、板、柱、搁栅、檩条、砌体、基础等主体结构部分完损情况，房屋外墙抹灰、阳台、栏杆、雨篷、饰物等易坠构件的完损情况，以及室内外上水、下水管线与电气设备的完损情况等。评估可将《砌体结构工程施工质量验收规范》GB 50203—2011、《混凝土结构工程施工质量验收规范》

图 2-18　天津某小区建筑立面破损状况

GB 50204—2015、《屋面工程质量验收规范》GB 50207—2012、《建筑装饰装修工程质量验收标准》GB 50210—2018 等国家和地方标准作为依据，可采用现场查勘检验、专家评估等方式进行。

2. 道路交通

道路交通是建筑环境的基础组成要素之一，其使用状况直接影响到社区居民的出行体验，往往是社区改造的先行部分。其评估内容主要包括：已有道路等级研判，道路设施性能的检测与诊断，小区出入口和单元入口的无障碍坡道和设施是否完善，小区的路灯等公共照明设施是否需要更换、维修或增设，人行道路是否有破损情况，小区内是否有明显的车行导向标识、减速标志，以及必要的隔离设施等。

3. 功能布局

老旧小区的功能布局直接关系到居民生活的便利性，对老旧小区的功能布局进行评估可从社区层面更好地与完整社区相结合，以用最低的改造成本补齐社区功能短板（图 2-19）。具体的评估内容包括：社区整体功能分区是否合理，社区的结构布局是否需要优化，社区的商业、文化等设施是否完善，社区的公共空间是否充足，社区的景观绿化是否缺失等。

4. 产业资源

社区的产业资源是社区资产和社区特色的重要基础，其相关情况直接影响着社区活力，是社区居民实现品质提升的重要资本，也是社区存量资产（图 2-19）盘活的重要抓手。社区的产业资源主要包括①人力资源：社区居民的技能、生活习俗（图 2-20）和工作经验；②自然资源：土地、水资源、气候等；③经济资源：交通、通信、能源等；④社会资源：社区组织和网络等；⑤技术资源：新技术和知识等；⑥文旅资源：文化遗产和旅游景点等（图 2-21）；⑦制度资源：政策和法规等。

图 2-19　天津某社区存量资产

图 2-20 重庆市九龙坡区杨家坪建设厂家属院食堂的饭菜是陪伴建设厂几代人的记忆，如今凉粉、凉面、酸辣粉、豆腐脑等美食，依旧是不变的味道

图 2-21 重庆市劳动一村拥有 20 年历史的"老太婆摊摊面"代表着重庆最朴实的市井文化

5. 景观品质

社区的景观品质不仅是社区生活空间重要的生态资源，也是居民之间沟通交流的重要媒介。其相关情况不仅关系到社区居民的生活品质，也影响到居民的身心健康。对其内容进行评估有助于改造目标和方案的制定，涉及社区可持续发展。主要的评估内容包括：社区总体景观布局合理性评估，社区局部景观使用情况评估，空置或废弃绿地、缝隙绿地空间等盘活潜力评估，植物配置方式及绿化设施性能评估等。

6. 公共空间

社区公共空间是社区居民进行社会交往的重要场所，关系到社区邻里关系的和谐与社区活力的维系。其具体评估内容主要包括既有公共空间规划布局的合理性；社区居民使用的舒适性、便捷性和满意度等；设施和设备性能的安全性、完备性等；社区空间景观的宜人性和美观度，以及整洁性等；社区空间文化特色和活跃度；能源消耗、废弃物处理、绿地率等可持续性评估指标。

2.3.5 完整社区评估

1. 评估依据

2020 年 7 月，国务院办公厅发布的《关于全面推进城镇老旧小区改造工作的指导意见》（国办发〔2020〕23 号）第一次明确提出了完整社区的建设目标，提出老旧小区改造要充分结合完整社区建设进行；同年 8 月，住房和

城乡建设部等 13 个部门印发《关于开展城市居住社区建设补短板行动的意见》
（建科规〔2020〕7 号）时，随文发布了《完整居住社区建设标准（试行）》；
2021 年 12 月，《完整居住社区建设指南》（建办科〔2021〕55 号）正式
面向全国印发；2022 年 10 月，住房和城乡建设部办公厅和民政部办公厅共
同发布了《关于开展完整社区建设试点工作的通知》（建办科〔2022〕48 号），
完整社区建设不仅是国家层面社区建设的一个政策突破，也是老旧小区改造
社区层面体检和评估的重要依据。

2. 评估对象

评估对象为完整社区评价单元，依据国家《完整居住社区建设标准（试行）》
在居住社区空间规模（范围内到达各项服务设施步行距离 5 ~ 10min，社区管
理服务面积上限约 2.5km^2）和人口规模（0.5 万 ~ 2 万人）的要求，对人口规模、
空间规模过大的社区在未进行行政区划调整的基础上，应因地制宜地划定对应
的评价单元保证完整居住社区的规模尺度（图 2-22）。

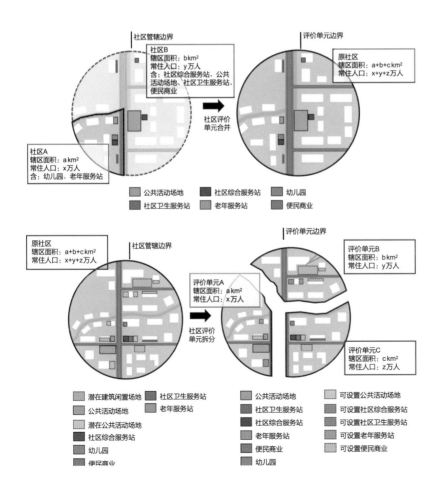

图 2-22　完整居住社区评估单元
界定示意（图片来源：作者根据本
章参考文献 [8] 改编绘制）

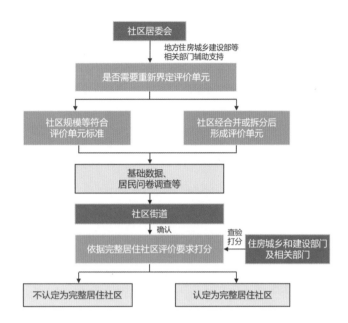

图 2-23　完整社区评估流程示意
图（资料来源：作者根据本章参考
文献 [8] 改编绘制）

3. 评估流程

完整居住社区评估与城市更新、城市体检工作相衔接，为了更好地促进老旧小区改造与完整社区建设工作相融合，需对老旧小区所在的片区进行完整社区评估工作。评估流程总体分为三个阶段：①前期准备阶段，相关评估部门应首先明确界定评估单元，通过部门访谈、实地调研和问卷调查等方式获取评估的基础数据，系统地对部门数据、网络大数据、倾斜摄影航拍数据等多源数据进行空间信息的匹配；②开展评估阶段，对评估基础数据和各项指标进行分析计算，对标完整社区建设标准等多维评估标准中的较高值，最后通过综合分析得出体检评估结果；③优化建议阶段，根据体检评估结果，结合居民意愿，以及社区改造的潜力等，对改造方向和内容以评估报告等方式提出优化建议（图 2-23）。

4. 评估内容

完整居住社区评估内容包括社区综合服务站、幼儿园、托儿所、老年服务站、社区卫生服务站等基本公共服务设施，综合超市、快递服务等便民商业服务设施，水电路气热信、停车及充电、慢行系统、无障碍设施、环境卫生设施等市政配套基础设施，公共活动场地、公共绿地等公共活动空间建设，以及物业管理和社区管理机制等方面。此外，完整社区评估还包含社区文化与活动、居民意愿及满意度、社区服务与安全、社区组织与管理等社区治理方面（图 2-24）。

基本公共服务设施
社区综合服务站、幼儿园、托儿所、老年驿站、社区卫生服务站等

市政配套基础设施
水电路气热信等，停车充电设施，以及环卫设施等

便民商业服务设施
综合超市、其他便民商业网点、邮件和快件寄递服务设施等

公共空间活动建设
篮球场、足球场等公共活动场地、社区景观及花园等公共绿地

图2-24　完整社区评估内容示意图

2.4　老旧小区改造评估的方法与流程

2.4.1　评估方法

1. 问卷调查法

问卷调查法是老旧小区改造评估中最常用的方法，通常分为纸质问卷和网络问卷两种类型。纸质问卷适用于不熟悉电子设备的中老年群体或某些面对面交流的场景。网络问卷适用较为广泛，更加便捷、快速且易于收集和分析数据。问卷设计应注意标准化和规范化，且应遵循相关性、同层性、完整性、互斥性，以及可能性原则。问卷发放应根据各小区的状况与特点确定发放对象的年龄段比例、男女比例，以及居住人群特征等，以提升数据的准确性和实用价值。

2. 大数据法

随着信息化时代的发展，大数据法在社区调研中的应用日益增加。在老旧小区改造评估中采用大数据的调研方法可高效精准识别社区的问题和短板。大数据法可按照"调研目标设定——数据收集与筛选——数据处理与分析——结果反馈与优化"步骤进行。数据来源主要有政府数据、社区数据、第三方数据等多种途径。数据内容可包括：居民的居住情况、消费习惯、偏好等用户数据，周围经济环境、小区内经济活动等经济数据，小区周围环境、交通状况等地理数据，小区内环境质量、小区周围环境质量等环境数据，以及小区和其周边公共服务设施等公共服务数据等。

3. 访谈法

访谈法是老旧小区改造评估中常用的一种定性研究方法，具有灵活性、适应性等特征。通过面对面交流或电话访谈，可以让居民以便捷、轻松的方式参与老旧小区改造的全过程。访谈法具体可按照"受访者选择——访谈提纲

制定——实施访谈——访谈记录整理与分析——验证与反馈"步骤进行。访谈内容可包括：历史沿革、地理位置、人口结构和社会经济特征等背景信息，建筑使用情况、设施使用性能和公共空间体验以及居民对社区满意度与建议等方面。

4. 现场勘察法

老旧小区改造评估的现场勘察法是指对老旧小区进行现场调研与勘察。通过观察、测量、记录和分析小区的物理状况、居住环境及社会活动等多维信息，获取直观、实时的一手资料的评估方法。现场勘察的主要内容可包括：社区地理位置、周围环境、历史背景等基本情况，社区道路交通与景观环境情况，社区建筑与公共空间状况，社区市政、环境与公共服务设施使用情况，居民的行为与活动情况、社区治理结构，以及社区文化活动等。

2.4.2　评估流程

老旧小区改造评估是一个涵盖改造前、改造中和改造后的全过程且闭环的评价体系，不仅关注改造的最终效果，同样重视改造的实施过程。旨在通过科学合理的评估方法，为改造工作提供决策支持，保证改造工作的顺利进行和高效实施（图 2-25）。

1. 潜力评估

第一阶段的潜力评估是改造工作的起点，旨在评估社区改造的可行性，确定改造的优先级和方向，通常称之为预评估或前评估。在这一阶段，需要综合考虑社区的各种因素，包括建筑结构的安全性、设施的功能性、居民的需求和意愿、公共空间和环境的优化潜力、历史文化价值的保护、社会经济因素的影响、潜在的风险，以及改造的长期可持续性。通过对这些因素的评估，可以制定出科学合理的改造策略，为后续的改造工作打下坚实的基础。

2. 过程评估

第二阶段的过程评估关注改造实施的过程，旨在确保改造工作符合既定的目标和标准。在这一阶段，需要对改造计划的执行情况进行实时监控，评估公众参与的程度、设计方法的适宜性、施工技术的创新性和审批流程的合规性等方面。此外，还需要对改造进度、施工质量、预算控制和风险管理等进行评估，以确保改造工作的顺利进行和成果的有效实现。

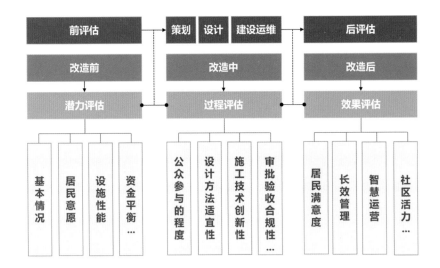

图 2-25 老旧小区改造全周期
评估流程示意图

3. 效果评估

第三阶段的效果评估是对改造工作的最终成果进行评价，旨在判断改造活动是否达到了预期的目标和效果，一般称之为后评估。在这一阶段，需要从多个角度对改造成果进行评估，包括居民满意度、社区物理环境的改善、社区治理和参与程度、社会经济效益，以及环境的可持续性等。通过对这些指标的评估，可以全面了解改造工作的成效，为未来的改造工作提供宝贵的经验和参考。

本章参考文献

[1]　住房和城乡建设部，等 . 住房和城乡建设部等部门关于开展城市居住社区建设补短板行动的意见：建科规〔2020〕7 号 [EB]. 中国政府网，2020-08-18.

[2]　住房和城乡建设部网站 . 住房和城乡建设部关于开展 2021 年城市体检工作的通知：建科函〔2021〕44 号 [EB]. 中国政府网，2021-05-07.

[3]　住房和城乡建设部 . 住房和城乡建设部关于开展 2022 年城市体检工作的通知：建科〔2022〕54 号 [EB]. 中国政府网，2022-07-04.

[4]　住房和城乡建设部办公厅 . 住房和城乡建设部办公厅关于印发实施城市更新行动可复制经验做法清单（第一批）的通知：建办科函〔2022〕393 号 [EB]. 中国政府网，2022-11-25.

[5]　杨静，吕飞，史艳杰，等 . 社区体检评估指标体系的构建与实践 [J]. 规划师，2022(3)：35-44.

[6]　国务院办公厅 . 国务院办公厅关于全面推进城镇老旧小区改造工作的指导意见：国办发〔2020〕23 号 [EB]. 中国政府网，2020-07-20.

[7]　新华社 . 中华人民共和国国民经济和社会发展第十四个五年规划和 2035 年远景目标纲要 [EB]. 中国政府网，2021-03-12（2021-03-13）.

[8]　重庆市住房和城乡建设委员会 . 关于印发《重庆市绿色社区、完整居住社区评价细则》的通知：渝建人居〔2021〕15 号 [EB]. 重庆市住房和城乡建设委员会官方网站，2021-09-01.

第 3 章

策划专题：老旧小区改造策划方案

老旧小区改造项目的策划旨在为老旧小区改造提供明确的改造目标和方向，优化改造资源分配和预算管理，提高改造项目实施效率和改造效果，以及进行风险评估和预测。老旧小区改造项目的策划工作大体可包括"定位和目标——公众参与——业态分析——市场运作"四部分内容。

3.1 老旧小区改造策划的原则与流程

"'策划'通常被认为是为完成某一任务或达到预期的目标而对所采取的方法、途径、程序等进行周密、逻辑的考虑而拟出具体的文字与图纸的方案计划"。[1] 更新改造工作的策划是根据各地区城市更新专项规划的目标设定和老旧小区改造工作的指导意见,为保证项目在实施完成之后具有较高的经济效益、环境效益和社会效益而提供科学的依据。

3.1.1 策划的基本原则

老旧小区改造项目的策划工作是整个改造过程中至关重要的阶段,是项目顺利实施和实施效果的重要保障,遵循以下原则:

1. 定位目标的综合性原则

老旧小区改造是一项复杂的综合性工程,在进行改造策划工作时,应坚持以人为本。从人民群众最关心、最直接、最现实的利益出发,充分挖掘社区在物质层面、文化层面、社会层面,以及整个城市层面的资源禀赋。坚持保护优先,注重历史传承,以需求和目标为导向,准确识别多元利益主体对改造项目的潜在需求。统筹考虑老旧小区改造的多元、多维目标系统,为改造项目的设计和实施等后续工作提供明确的价值导向,推动建设安全健康、设施完善、管理有序的完整居住社区。

2. 工作机制的可实施性原则

城镇老旧小区改造既是群众意愿强烈的民生工程,也是社会各界普遍关注的基层治理工程和发展工程。改造应坚持居民自愿,调动各方参与,建立健全政府统筹、条块协作、各部门齐抓共管、居民全程参与的专门工作机制,形成工作合力。同时采用"自上而下"与"自下而上"相结合的工作方式,广泛开展"美好环境与幸福生活共同缔造"活动,推进项目顺利有序实施,实现决策共谋、发展共建、建设共管、效果共评、成果共享。

3. 技术方法的可推广性原则

老旧小区改造过程中技术方法的选取与其所处的建筑气候区有着直接的关联。由于各建筑气候区的气候环境和社会经济存在着明显的差异,因此,在进行改造策划时要科学确定改造目标,考虑因地制宜地选用经济适用、绿色环保的技术、工艺、材料、产品，做到精准施策。同时，综合资金投入、操作难度、地域特征、经济发展水平等多方面因素，并弹性地考虑不同收入阶层对小区改造的不同需求，合理制定改造方案。注重技术和方法的可推广性，以为相同建筑气候区同类型的老旧小区改造项目提供参考，降低改造成本。

4. 改造模式的可持续性原则

老旧小区改造是一个动态发展的过程，改造的目标和重点会根据不同时间段、居民需求、技术进步、政策变化，以及社会经济发展的不同而调整。因此，应结合改造工作同步建立健全基层党组织领导，社区居民委员会配合，业主委员会、物业服务企业参与的联席会议等多元机制，引导居民协商确定改造后小区的管理模式。同时将社区治理能力建设融入改造过程，促进小区治理模式创新，推动社会治理和服务重心向基层下移，完善小区长效管理机制，保障社区的健康、绿色、宜居与可持续发展。

3.1.2　策划的主要流程

基于现状评估结果，老旧小区改造策划流程主要分为"改造前评估方案策划——改造中设计、建设与运维方案策划——改造后效果评估方案策划"三个阶段（图 3-1）。

第一阶段改造前评估方案策划，旨在确定社区改造评估的主要内容和实施路径，为社区改造评估工作提供重要的科学论证和依据。内容主要包括社区建筑结构评估方案策划、设施性能评估方案策划、居民意愿评估方案策划、公共空间与环境评估方案策划、历史文化价值评估方案策划、社会经济因素评估方案策划、潜在风险评估方案策划，以及长期可持续性评估方案策划等。第二阶段

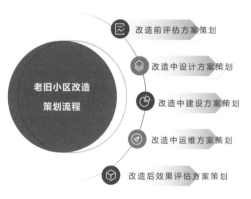

图 3-1　老旧小区改造策划流程

改造中设计方案策划，旨在为老旧小区改造设计工作提供方向性指引。内容主要包括为满足居民安全需要和基本生活需求的基础类改造，为满足居民生活便利需要和改善型生活需求的完善类改造，以及为丰富社区服务供给、提升居民生活品质、立足小区及周边实际条件积极推进的提升类改造；改造中建设方案策划，旨在确保施工安全、施工质量，并缩短施工周期。内容主要包括审批方案策划、施工方案策划与验收方案策划三部分；改造中运维方案策划，旨在实现老旧小区建设后的长效管理与运营。主要包括党建引领方案策划、共建共治共享方案策划、长效治理方案策划等。第三阶段改造后效果评估方案策划，旨在为评价改造活动是否达到了预期目标和效果提供科学依据。内容主要包括社区物理环境改善评估方案策划、居民满意度评估方案策划、社区治理与居民参与评估方案策划，以及社会经济效益评估方案策划等。

3.2　老旧小区改造策划的定位与目标

3.2.1　老旧小区改造项目的定位

1. 项目定位的内涵

　　"定位"理论最早起源于营销学，强调在消费者心智中为产品或品牌创造独特、明确和吸引人的地位，以区分于竞争对手并建立持久的市场影响力。"定位"有助于识别和专注于特定或潜在的目标群体的需求和偏好。老旧小区改造工作是在充分尊重居民意愿的前提下进行的改造活动，目的是完善社区功能和提升居民的生活品质。社区作为城市居民生活的主要空间和场所，对于社区改造项目的准确定位不仅可以精准识别居民的改造需求，提升社区居民对社区本身的归属感和认同感，还有助于提升居民的幸福感、获得感和安全感。老旧小区改造项目的定位包括：社区自身的优劣势分析、特色文化分析、改造相关的利益主体分析、多元利益主体之间的差异化分析、改造的范围与内容、改造的目标与理念、改造的方法与方式等。科学合理的改造定位不仅能更好地满足居民的需求，也能吸引更多的社会资本和实施主体参与到老旧小区改造的工作中来。

2. 项目定位的内容

　　项目定位对于老旧小区改造工作而言具有目标战略性和方向引领性，包括调研与认知分析、差异化提炼、落实差异性和宣传差异性四个方面（图3-2）。这四方面共同构成了老旧小区改造的全面策略框架，不仅关乎社区物理空间的改造，也是对社区社会价值、文化传承和可持续发展理念的深度体现。

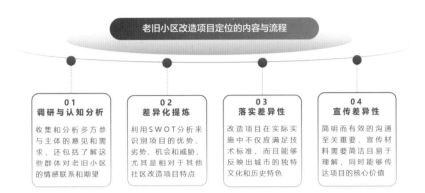

图 3-2　老旧小区改造项目定位的内容与流程

其中，①调研与认知是定位的基础，不仅涉及改造多元参与主体的需求和建议，还包括特定目标群体对改造的期望与要求；②差异化提炼是定位的关键，重点在于强调项目的个性化特征，包括社区人群的差异性、社区历史文化的差异性，以及社区空间场所的差异性等；③落实差异性是定位的核心，需要将改造目标和理念充分融入改造的设计、建设和运维等环节之中，同时要将改造的内容进行精准地实施；④宣传差异性是定位的保障，宣传的内容是老旧小区改造的成效及模式等，宣传的目标是为了赢得社区本身居民的认同感、归属感及荣誉感。

3.2.2　老旧小区改造项目的多目标系统

老旧小区改造项目的目标是一个综合的复合型系统，由多个目标层级构成，具体可分为小区物质层面、社区文化层面、社会交往层面，以及城市整体层面这四个层面（图 3-3）。

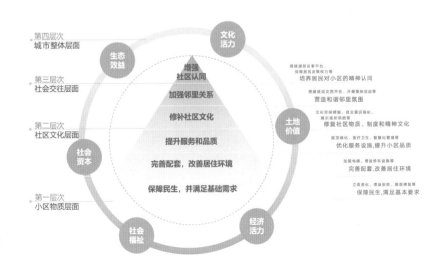

图 3-3　老旧小区改造多目标之间的层级关系示意图

其中，①小区物质层面的改造目标处于改造目标的第一层级，旨在满足居民"急难愁盼"的基础性需求，为居民营造舒适、宜居、便捷的物质空间环境；②社区文化层面的改造目标处于改造目标的第二层级，旨在修复社区物质、制度和精神文化，实现文化空间修复、自主意识强化等；③社会交往层面的改造目标处于改造目标的第三个层级，旨在通过搭建居民交流平台、开展集体活动等途径，修补老旧小区社会网络，营造和谐邻里氛围，培养居民对小区的精神认同等；④城市整体层面的改造目标处于改造目标的第四个层级，旨在从城市的整体视角下，使社区融入城市，实现整体的可持续发展。这四个层面的改造目标构成了老旧小区改造策划相互耦合的价值体系，相互促进。

1. 小区物质层面

依据国务院办公厅发布的《关于全面推进城镇老旧小区改造工作的指导意见》（国办发〔2020〕23号），老旧小区物质层面的改造内容分为基础类、完善类、提升类三个方面。

基础类改造内容主要包括市政配套基础设施改造提升，以及小区内建筑物屋面、外墙、楼梯等公共部位维修等。其中，改造提升市政配套基础设施包括改造提升小区内部及与小区联系的供水、排水、供电、弱电、道路、供气、供热、消防、安防、生活垃圾分类、移动通信等基础设施，以及光纤入户、架空线规整（入地）等。旨在满足居民安全需要和基本生活需求的内容（图3-4）。

完善类改造内容主要包括环境及配套设施改造建设、小区内建筑节能改造、有条件的楼栋加装电梯等。其中，改造建设环境及配套设施包括拆除违法建设，整治小区及周边绿化、照明等环境，改造或建设小区及周边适老设施、无障碍设施、停车库（场）、电动自行车及汽车充电设施、智能快件箱、智能信报箱、

整理供电线路

实施垃圾分类   整修路面

图3-4 老旧小区基础类改造内容示意

文化休闲设施、体育健身设施、物业用房等配套设施。旨在满足居民生活便利需要和改善型生活需求（图3-5）。

提升类改造内容主要是公共服务设施配套建设及其智慧化改造，具体包括改造或建设小区及周边的社区综合服务设施、卫生服务站等公共卫生设施、幼儿园等教育设施、周界防护等智能感知设施，以及养老、托育、助餐、家政保洁、便民市场、便利店、邮政快递末端综合服务站等社区专项服务设施。旨在丰富社区服务供给、提升居民生活品质、立足小区，以及周边实际条件积极推进（图3-6）。

2. 社区文化层面

文化层面老旧小区的改造，是对老旧小区既有的文化资产进行精准识别和修复。一般情况下，老旧小区文化修复主要分为物质文化资产、制度文化资产

增设儿童场地，激活低效空间

增设停车设施，缓解居民停车问题　　　　整治社区绿化，恢复自然生态

图 3-5　老旧小区完善类改造内容示意

社区幼儿园

民主村社区会客厅　　　　民主村社区食堂

图 3-6　老旧小区提升类改造内容示意

图 3-7　老旧小区文化与物质之间的作用机制

和精神文化资产三种类型。[3] 其中，物质文化资产主要包括历史文化遗存与当代文化空间；制度文化资产主要包含党建文化与自治文化；精神文化资产主要由邻里关系和价值观念构成。在老旧小区改造过程中，物质空间改造为文化修复提供物质基础，同时文化修复赋能物质空间改造（图 3-7），二者产生了良好的互动作用：物质文化为物质空间环境整合提供了文化要素，保证了老旧小区物质空间环境的文化特色；制度文化为物质空间环境管理提供了自治组织基础；精神文化对物质空间环境的文化展示提供了更加丰富的资源。

3. 社会交往层面

　　社会交往层面的改造关键在于社会网络修复，旨在培养社区认同感和社区精神。其实质是修补老旧小区社会联系，不仅包括内部居民之间联系，还包括老旧小区内部与外界之间的联系。具体措施包括建立社区居民议事平台和社区居民交流平台，定期组织社区内部集体活动，以及与其他社区的联谊活动等，最终实现小区邻里关系更紧密、邻里氛围更和谐，增强居民认同感和幸福感（图 3-8）。

4. 城市整体层面

　　老旧小区改造作为城市更新的重要组成部分，不仅需要考虑小区内部的局部提升，还应该兼顾城市整体的可持续发展。因此，为避免出现低收入群体迁移、社会不平等加剧等社会问题，社区绿地破坏、停车紧张加剧等环境问题，以及社会资本难介入、改造资金难平衡等经济问题，需要从土地价值、经济活力、

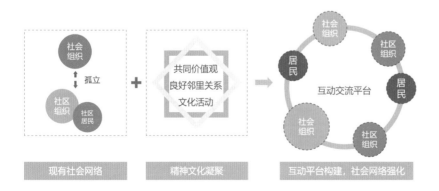

图 3-8　精神文化作用于社会网络修补
（图片来源：根据本章参考文献 [3] 改编绘制）

社会福祉、社会资本、生态效益和文化活力[4]等方面构建老旧小区改造在城市整体层面的综合目标，以实现城市的可持续发展。具体措施包括通过居住环境改善和基础设施建设，提升城市的整体形象、土地价值及利用效率；通过业态延续或重构，赋能小区及周边商业发展，为改造资金平衡，以及城市经济的转型发展提供新的机遇；通过社区服务提升，提升社区内聚力，提高社区对紧急情况的应对能力，进而增强城市的整体韧性等。

3.3　老旧小区改造策划的公众参与

城镇老旧小区改造是重大民生工程和发展工程，对满足人民群众美好生活需要，推动惠民生、扩内需，推进城市更新和开发建设方式转型，促进经济高质量发展具有十分重要的意义。按照党中央、国务院要求，坚持以人民为中心的发展思想，推动构建"纵向到底、横向到边、共建共治共享"的社区治理体系，凸显了公众参与的重要性和必要性。公众参与包含立法、政府决策公共治理、基层治理等多个层面，是一个以民众为主体，受多元多维因素影响的社会决策和活动实施的行为。老旧小区改造所牵扯到的参与主体更为多元，本质上是一个持久的社区治理的过程。不同社区之间公众参与类型选择、参与模式、参与流程等方面均有差异，需根据社区各方面的基础条件现状进行分析之后，选择科学适宜的公众参与方式。

3.3.1　公众参与的概念与类型

公众参与是指公众能够直接参与影响其生活的决策和行为，是一个制度化的民主过程。公众参与的核心在于以公众为主体，遵循"公开、互动、包容、民主"等基本原则展开的多向沟通与协商对话。[5]

1969 年，美国规划师谢里（Sherry）提出了著名的"公众参与阶梯"理论，根据参与程度，把公众参与分为三个层次，即非参与、象征性参与和决策性参与。[6]其中，最低层次是非参与，也就是公众不参与任何决策和管理，只接受预先制定好的方案，缺乏反馈和谈判的权利。第二个层次是象征性参与，公众获得一些信息和表达意见的机会，但权力机关并不会真正考虑公众的意见。第三个层次是实质性参与，公众直接掌握方案的审批和管理权利，共同参与决策过程。同时，谢里还提出了公众参与的八种形式，即操纵、利诱、告知、教育、安抚、合作、代表和决策。"公众参与阶梯"理论至今在公众参与的理论与实

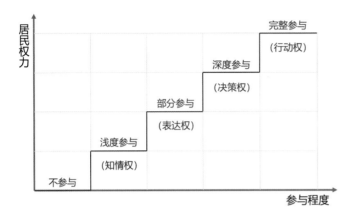

图 3-9　我国老旧小区改造中的公众参与类型划分

践层面仍被广泛地认可并应用。

　　在我国老旧小区改造项目中，公众参与类型体现了居民在决策过程中的角色，反映了责任主体和实施主体对社区意见的重视程度。[7] 按照居民在改造过程中所行使权力的不同，我国老旧小区改造的公众参与可以分为不参与、浅度参与、部分参与、深度参与和完整参与 5 种类型（图 3-9）。合理选择公众参与类型，能够平衡各方利益，改善参与方式，以实现更加民主和平等的老旧小区改造。[8]

　　2019 年，住房和城乡建设部发布《关于在城乡人居环境建设和整治中开展美好环境与幸福生活共同缔造活动的指导意见》（建村〔2019〕19 号），明确提出以社区为基本单位，以改善居民身边、房前屋后人居环境的小事为切入点，发动群众"共谋、共建、共管、共评、共享"，最大限度地激发群众的积极性，改善人居环境，提升人民群众的获得感、幸福感、安全感。在老旧小区改造的背景下，公众参与意味着居民能够积极参与改造过程的决策环节，对政府而言，是制度和文化层面上的认同，是对平等、公平、民主等价值的追求以及对居民公共精神的培育；对社区而言，通过在原有的设施基础上进行"小手术"或"微改造"，让居民们实实在在地感受到了社区变化，不仅让小区环境面貌得到了美化，同时还增加了邻里间的和睦；对居民而言，公众参与能够激发公众的主人翁意识，让居民可以参与到社区，以及周边环境的治理。[9]

3.3.2　公众参与的现状分析

　　在老旧小区改造中，党中央和国务院明确提出从人民群众最关心、最直接和最现实的利益问题出发，征求居民意见并合理确定改造内容，要坚持居民自愿，调动各方参与，以实现决策共谋、发展共建、建设共管、效果共评、成果共享。

随着我国对公众参与的政策支持力度越来越大，居民对社区治理的意识也越来越强。然而，目前我国公众参与仍存在持续性不强和参与度低等现状问题，总体上处于"公众参与阶梯"中"象征性参与"的层次，[10] 还有较大提升空间。

在以往大多数老旧小区的改造过程中，各项工作是在各个政府部门之间进行的。改造项目通常由政府部门发起，更新规划部门负责项目的调查和制定改造计划，由街道办负责具体实施，工作分工复杂，审批手续烦琐。政府部门、更新规划机构和街道办事处扮演了核心角色，居民则处于一种相对被动的状态，往往只是在公告栏或居民会议上接收有关改造的信息。因此，居民对于参与社区公共事务的热情不高，通常只关注那些直接影响到自身利益的事项。而且，在纠纷解决过程中也缺少对各方利益者权益的保护。当遇到问题时，居民有可能会采用一种非常规的参与方式，如通过求助媒体来曝光问题并获得救济。此外，我国以往老旧小区改造中公众参与模式相对单一，主要通过口头传达、公告等形式进行，导致公众参与效率较低。

3.3.3　公众参与的模式划分

根据居民参与方式的差异性，将目前我国老旧小区改造中的公众参与划分为三种模式：间接参与模式、代表参与模式和第三方介入模式。[11]

间接参与模式主要是通过居民将意见提交至社区委员会，社区委员会将其意见反馈到社区所在街道办事处，最后上报上级部门审批。审核完成后，反馈意见由街道办事处传达到社区，并通知到居民。尽管该模式具有很好的可操作性，但是，由于社区居民的反馈方式比较单一，在实际应用中存在着信息丢失等问题（图 3-10）。

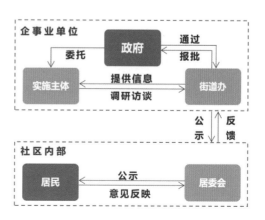

图 3-10　公众参与：间接参与模式示意图
（图片来源：根据本章参考文献 [11] 改编绘制）

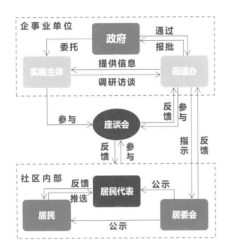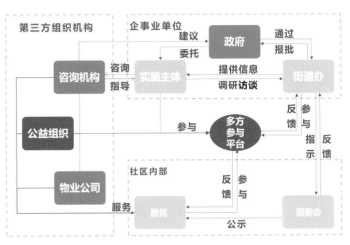

代表参与模式是一种常见的老旧小区改造的公众参与模式，其通过居民推选出代表并组织座谈会，将居民的意见反馈给街道办、居委会等相关部门，共同商讨解决方案。在这种模式下，居民代表是连接居民和政府的桥梁，能够更直接地将居民的意见传递给相关部门，提高信息反馈的效率和准确性。然而，这种模式也存在一些问题，比如居民代表可能受到利益相关方的干扰，代表与居民之间的信息传递也可能存在误差等（图 3-11）。

第三方介入是公共服务领域最普遍的一种模式。在参与主体上，该模式引入包括社区规划师和建筑师在内的专业人士、社会非营利的福利机构，以及物业公司等第三方组织机构，对改造项目进行全过程的指导和参与。在参与方式上，一般采用线下或线上与线下相结合的形式，对需要共同决策的信息进行综合探讨，由街道办事处将居民意见反馈给上级部门，得到认可之后对其进行公开（图 3-12）。

3.3.4 公众参与的有效流程

老旧小区改造强调居民意愿优先，公众参与应该贯穿老旧小区改造的全过程（图 3-13）。

在老旧小区改造建设前，居民是"规划师"。在老旧小区改造项目前期，应通过调研、访谈等形式，以居民的视角去获取现实需求，以多维度的共商共议凝聚意见，再把意见结合到项目设定和推进中，让项目真正贴近群众需求。甚至可以把设计权交给居民，然后我们从专业角度进行完善改正。在此过程中，

图 3-11 公众参与：代表参与模式示意图（左图）
（图片来源：根据本章参考文献[11]改编绘制）

图 3-12 公众参与：第三方介入模式图（右图）
（图片来源：根据本章参考文献[11]改编绘制）

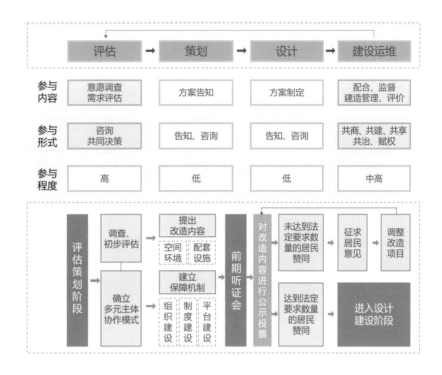

图 3-13　公众参与：老旧小区改造的有效流程

结合居民的"金点子"，可以充分发挥社区动员组织能力，激活自治组织作用，让改造"以人为本""精准适用"，提高居住的幸福指数。

在老旧小区改造建设中，居民是"监督者"。改造方案确定后，公众可以全程参与营建、监督。这既避免了社区规划的千篇一律，又增强了居民的参与感、归属感、幸福感，以及责任感。公众的"社区共同体"意识不断增强，党的十九大报告中所倡导的"共建、共治、共享"的社会治理模式也将逐步实现。

老旧小区改造建设后，居民是"维护者"。由于在改造过程中发挥了关键作用，居民对改造后的小区维护具有更强的归属感和责任感，更加倾向于主动参与到社区的日常维护和管理中来，如小区绿化维护、公共设施保养、社区安全监督等。

3.3.5　公众参与的效果评价

1. 公众参与效果评价研究现状

国内外对公众参与的研究，大致经历了三个阶段：[12] 从最初的提出，到对参与过程的评价，再到对参与效果的评价与反思。目前，公众参与效果评价的研究主要可以分为以下四类：①把公众参与作为单个事件，将公众参与的程度、参与平等性、参与效率作为效果评价标准；[13]②将公众参与作为一个过程性事件，从整体性与过程性两个角度，提出参与基础、外部支持、参与过程、成本效果是公众参与效果评价的四大要素；[14]③以主体间关系的视角进行探讨，由公众、政府对公众参与的有效性进行评价与对比，[15]评价结果因所处视角不同而各异；④从主体视角进行探讨，认为公众参与的有效性取决于影响最后结果的主体，需要从参与决策主体的角度进行评价，[16]而政府行为、公众的背景与意愿都是影响公众参与效果的重要因素。[17]尽管我国公众参与研究起步较晚，但目前我国已经陆续出台许多公众参与相关政策，在实践中也积极探索，取得了丰硕成果。然而，目前我国公众参与有效性评价的研究相对较少，且多集中于公众参与政策制定、公众参与环境评价等领域，尚未形成一套公认有效的评价标准和评价流程。

2. 公众参与效果评价流程

老旧小区改造过程中公众参与效果评价流程可分为以下几个步骤：[18]

1）筛选评价指标

综合考虑老旧小区改造过程中改造目标、社区特点及居民需求，可以从公众参与的对象、信息公示的形式、公众参与的方式，以及公众参与信息的反馈四个方面来构建老旧小区改造中公众参与有效性评价的初始指标。然后，使用德尔菲法对指标进行权重赋值，指标筛选的最根本依据是权重赋值的算术平均值，其值越高，说明该评价指标的重要性越高；变异系数值越小，说明评价体系中专家的意见越统一。

2）构建评价指标体系

采用层次分析法将公众参与评价指标体系分为目标层、基本指标、评价因子和具体指标四个类别。对于老旧小区改造项目而言，目标层的内容为公众参与有效性；基本指标的内容为参与对象、信息公示、参与方式和信息反馈等；评价因子为筛选出的重要指标；具体指标则是对应评价因子的具体描述。

3）实施公众参与有效性评价与分析

根据德尔菲法计算出基本指标及评价因子的权重。公众参与有效性程度可以利用加权平均法，最终量化公式为：$A = \sum (B_n \times C_n)$（注：$A$ 代表为公众参与有效性的程度；B_n 代表为第 n 个评价因子的具体权重；C_n 代表为第 n 项评价因子的得分）。结果评价可以参照以下标准：$A > 2.7$ 时，本次公众参与有效性最高；$2.7 > A \geqslant 2.4$ 时，本次公众参与有效性很高；$2.4 > A \geqslant 2.1$

时，本次公众参与有效性一般；2.1 > A ≥ 1.8 时，本次公众参与有效性较低；
A<1.8 时，本次公众参与有效性很低；A=0 时，本次公众参与无效。

4）公众参与老旧小区改造的优化建议

　　针对老旧小区改造中公众参与的共性问题，如参与对象范围局限、参与方式受限等，从以下四个方面提出建议：①通过多种形式向公众透明、及时公开沟通渠道和改造信息；②借助互联网和新媒体，丰富公众参与形式，建立行之有效的公参有效性交流渠道；③合理选择参与对象，降低敏感群体、年龄层次和教育水平的影响；④科学设计调查问卷，制定相应的调查问卷标准，丰富合格调查问卷的必要要素。鉴于公众受教育程度和文化水平差异性，避免使用过于专业的术语，问卷的问题描述尽量通俗易懂。

3.4　老旧小区改造策划的业态分析

3.4.1　业态分析内容

　　为了业态现状分析结果的普适性，在选择所分析的老旧小区样本时应扩大研究范围，不应局限于小区或社区级的业态规模，应选择街道级甚至片区级的业态规模作为业态现状分析的样本。选定样本后，应对以下具体类目进行分析，以确保分析的完整性、系统性、真实性（图 3-14）：①社区及周围人口——在做社区本身及其周围的人口统计时不应仅统计人口数量，还应统计人口的各种生物特征，如年龄、性别构成等，社会特征，如职业、文化及经济状况分布等；②周边消费人群特征——进行市场调查，了解社区居民的收入水平和消费层次，以及社

图 3-14　业态分析的主要内容

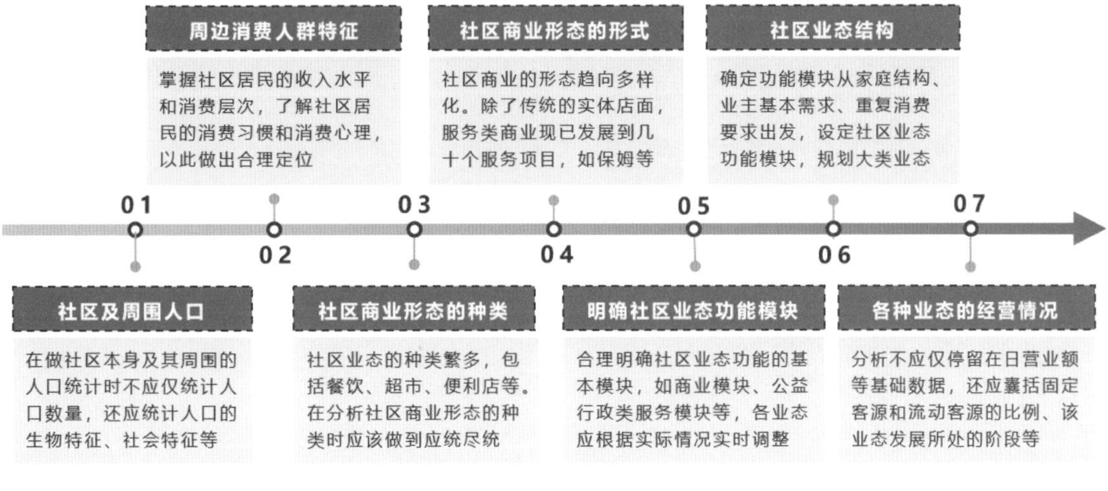

| 周边消费人群特征 | 社区商业形态的形式 | 社区业态结构 |
| 掌握社区居民的收入水平和消费层次，了解社区居民的消费习惯和消费心理，以此做出合理定位 | 社区商业的形态趋向多样化。除了传统的实体店面，服务类商业现已发展到几十个服务项目，如保姆等 | 确定功能模块从家庭结构、业主基本需求、重复消费要求出发，设定社区业态功能模块，规划大类业态 |

01　　　　03　　　　05　　　　07
　　02　　　　04　　　　06

| 社区及周围人口 | 社区商业形态的种类 | 明确社区业态功能模块 | 各种业态的经营情况 |
| 在做社区本身及其周围的人口统计时不应仅统计人口数量，还应统计人口的生物特征、社会特征等 | 社区业态的种类繁多，包括餐饮、超市、便利店等。在分析社区商业形态的种类时应该做到应统尽统 | 合理明确社区业态功能的基本模块，如商业模块、公益行政类服务模块等，各业态应根据实际情况实时调整 | 分析不应仅停留在日营业额等基础数据，还应囊括固定客源和流动客源的比例、该业态发展所处的阶段等 |

区居民的消费习惯和消费心理，以此作出合理定位，对业态的规模、位置、运作方式、经营档次等进行规划和布局；③社区商业形态的种类——社区业态的种类繁多，包括餐饮、超市、便利店、物流、食杂店、洗衣店、维修店、回收站、书店、冲印店、药店、社区医院、家庭服务站等，在分析社区商业形态的种类时应该做到应统尽统；④社区商业形态的形式——随着社区商业的形态也趋向多样化，除了传统的实体店面，服务类商业现已发展到几十个服务项目，如保姆、清洁维修、物业绿化、家教、技能培训、网络服务、婚庆礼仪、保健、社区医疗、中介服务等多个门类的便民利民服务项目，在分析时应注意区分社区业态的形式；⑤明确社区业态功能模块，如商业模块、公益行政类服务模块等。公益行政类服务模块可能无直接收益却是必要项目，商业模块能很好带动和聚集人气，加强居民对社区商业的依赖度、好感度；考虑到业主入住率，社区商业都要经历培育期、成长期、成熟期三个周期，基于项目所在地域和业主特点，以及商户生存条件，各类业态在不同时期的配置比例会加以调整；⑥社区业态结构——可从家庭结构、业主基本需求、重复消费要求等需求出发，确定社区业态功能模块，进而规划社区七大类业态（餐饮、零售、文教、生活服务、休闲娱乐、康体养生、公益服务）；⑦各种业态的经营情况——分析不应局限于日营业额等基础数据，还应包括固定客源和流动客源的比例、各种业态的辐射范围、各种业态的基础性消费、客单价和溢价、消费群体、该业态发展所处的阶段等内容。

3.4.2　业态现状分析

1. 社区业态管理体制亟待创新

社区作为我国城镇化建设中的重要载体，其商业服务设施配置涉及商务、民政、食药监督、消防、卫生、环保、文化、邮政等诸多行政部门。[19] 在现行体制下，社区居委会作为基层群众性自治组织，接受地方民政部门的工作指导。社区建设工作的牵头部门为民政部门，但社区商业服务要接受商务、食品药监、消防、环保、卫生等多部门的条块管理，形成了社区商业多头管理与监管缺位并存的现象，导致社区商业等业态发展滞后，无法满足居民多元化的消费需求。

2. 社区各业态设施布局和配置不均衡

我国大部分老旧小区由于规划及历史原因，其所在片区存在着商业、教育、医疗、文化等业态分布不均衡问题，使居民面临着优质教育服务获取难、医疗服务不便捷、文化服务设施缺乏、信息化服务覆盖不均等难题，导致居民生活便利性较低，体验感差，进而影响了社区活力和繁荣发展。因此，在进行老旧小区改造时，需要从片区的宏观层面出发，结合社区业态发展现状，充分考虑居民的意愿与诉求。同时应充分考虑社区未来发展方向与趋势，统筹配置各类设施资源，以保证社区业态的精准配置，引导社区业态朝着健康有序的方向不断发展。

3. 社区业态的种类和形式相对单一

社区业态的种类与社区居民的消费需求多样化密切关联。随着居民需求的不断增强，相对单一社区业态种类和形式已不能满足居民的多元化需求。同时，随着电子商务的崛起和发展，社区电商、社区团购等新兴商业形态也由城市逐渐下沉到社区，大部分老旧小区中的居民可以通过手机软件下单购物，或者参与社区团购活动，享受更便捷的购物体验。因此，在进行社区业态的种类和形式现状分析时，应同时考虑居民线上和线下两种不同的消费形式和习惯等。

4. 社区业态品质及服务水平有待提升

在老旧小区中，由于商业、文化、教育等各类设施和业态存在老化及配置不完善等各种情况，同时受建造时经济和社会水平的影响，设施性能和智慧化程度以及服务水平都有待提升，从某种程度上影响了居民的体验感和满意度。因此，在进行老旧小区改造时，应结合智慧化技术和方法，充分了解居民的消费行为和使用习惯，打破时间和空间的限制，以更加便利化、人性化的理念服务社区居民，促进社区业态由传统的日常购物、餐饮、生活服务，逐渐向文化休闲、亲子娱乐、体育健身、社交等多元智慧化业态拓展，以适应社区新的发展要求，不断增强社区居民的获得感、幸福感和安全感。

3.4.3　业态布局优化

1. 完善社区业态优化的配套制度

社区业态建设是一项关乎社区和谐、环境宜居、社会保障的重要发展工程。随着人均可支配收入日益提高，消费需求和消费结构发生显著变化，社区居民对服务餐饮、休闲娱乐等多样化、综合性的消费在不断增长。居民不仅需要地区商业中心，更需要网点齐全、业态合理、功能完备且具备一定服务水平的社区业态。然而，大部分老旧小区在业态的经营和管理上，往往由于缺乏完善的制度建设导致经营的可持续性较差。因此，社区在进行业态优化时需要加强社区业态发展顶层设计、完善社区业态治理机制、加强社区各类业态用地用房管控、完善社区业态配套政策体系。

2. 合理制定改造规划并均衡配置设施

在老旧小区改造中，为顺应居民消费结构升级和线上线下融合等趋势，社区层面要结合完整社区建设要求，对社区业态的规模、结构、布局及标准、分类等做出科学合理的改造规划。小区层面应对社区内居民的收入状况、消费习惯、消费水平等基本情况进行了解，同时进行充分的市场调研，确定各类业态的消费目标人群并结合居民意愿，根据社区人口规模、文化背景等现状条件，合理制定业态布局规划，明确发展定位，确定业态的选址、规模、结构、形态、建设模式、运营方式、经营等级等内容。

3. 丰富社区业态的种类与形式

目前，我国大多数老旧小区中都存在着"社区业态种类和形式相对单一"与"居民需求多元化"之间的矛盾。为满足居民多样化的生活和消费需求，提高居民生活品质，应构建符合社区居民年龄、教育水平、收入状况等多元影响因素的综合性社区业态，并对各业态进行集约有序地管理与运营。同时，应结合每个社区业态的实际情况，鼓励发展现代化的社区购物形式，打破传统经营模式，尝试业态创新，并采取多元经营方式方法，解决社区零售网点经营规模小和粗放管理的弊端，进而满足社区居民的购物、休闲、娱乐、服务等综合性需求。

4. 提升社区业态品质及服务水平

为适应日常生活现代化和家务劳动社会化的趋势，在提高传统服务业水平的基础上，老旧小区还应积极发展符合社区特点的大众餐厅、社区茶馆、洗衣保洁、美容健身、家政服务、老年服务、修理服务等现代生活新业态。同时，社区业态也需要充分利用现代技术进行服务体系创新，建立居民需求信息系统，以及社区服务信息平台，及时采集、分析、储存居民需求数据，为居民提供定向、快捷、周到的服务。并通过发展网上交易和服务，补充现有网点的不足，通过个性化定制等社区服务不断提高社区业态的品质和服务水平。

3.5　老旧小区改造策划的市场运作

3.5.1　多方参与主体分析

一般而言，老旧小区改造的参与主体至少包括责任主体、实施主体和利益主体等多个方面（图3-15）。其中，①责任主体一般指政府，在老旧小区改造中扮演着关键角色，主要职责包括制定相关政策、法律法规，提供必要的财政支持等，需要与其他参与主体充分沟通并正向引导，力争改造项目能够得到社区居民乃至社会各界的广泛认可。[20] ②实施主体一般指投资、建设、施工等企业单位，是老旧小区改造的主要推动力量和执行者，负责项目立项、投资、设计、确定施工单位、施工过程管理、竣工验收，以及物业管理等工作；在我国，老旧小区改造项目中的实施主体大部分由政府委托的国有企业担任，即责任主体和实施主体都由政府及相关机构负责，市场化主体的参与程度有待提升。因此需要在社会主义市场经济的框架下，构建出一套完善的市场主体的参与机制，制定相应的激励政策，充分激发市场主体的潜能，推动老旧小区的可持续性改造。③利益主体即老旧小区的产权主体，一般指房主，即产权人，也泛指包括租赁人在内的所有居民，是老旧小区改造项目中重要的参与主体，[21] 他们的意愿直接影响着改造项目的最终评价结果。由于文化背景、生活习惯、经济状况等客观背景的不同，利益主体在价值观念、生活需求等方面存在较大差异，因此需要建立更加有效的参与机制，以确保产权主体的改造意愿得到充分尊重。

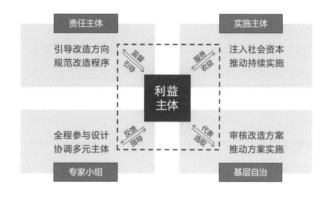

图 3-15　老旧小区改造项目的多方参与主体及其关系示意图

要实现多方参与主体的多元化的需求，各参与主体之间的协调和合作显得尤为重要。政府需要通过有效的政策制定、资金支持和项目监管来引导改造方向，同时保证各方利益的均衡。实施主体需要根据项目要求，提供高质量的设计和施工等服务，同时保持与政府和居民的充分沟通。利益主体，尤其是居民，应该积极参与到改造过程中，实时表达自己的需求和建议，同时合理调整自己的期望和要求。此外，还应吸引行业专家等其他参与主体的介入，为老旧小区改造过程提供专业指导。

3.5.2　项目资金来源分析

1. 资金来源分类

"十四五"规划中强调老旧小区改造的可持续性，力求保持低债务率的同时实现老旧小区改造与可持续发展。面对高数量与高质量要求，老旧小区改造项目如何有效地获取资金，如何有效保障项目收益与融资平衡，成为老旧小区改造项目有效推进的关键。根据资金获取主体不同，老旧小区改造项目主要的资金来源可以分为三大类：[22] ①各级财政资金——各级财政安排的老旧小区改造资金是老旧小区改造项目的重要资金来源；国家鼓励各级地方政府加强对老旧小区改造的财政投入，加大政府专项债券对老旧小区改造的支持；充分发挥财政资金的撬动作用，整合利用城镇老旧小区改造、棚户区改造、保障性租赁住房、排水防涝等专项财政资金统筹用于老旧小区改造；②企业与金融资金——在地方政府财力有限的情况下，对于地方政府来说，如何放大财政资金的杠杆效应，吸引企业和金融资金积极投入到老旧小区改造项目建设中尤为重要；参与老旧小区改造项目的社会资本主要是城投类国有企业、房地产开发公司、施工类企业等，而老旧小区改造项目的金融资金主要包括银行贷款、城市更新基金等；③居民自筹资金——由居民出资进行改造主要出现在综合整治类项目中，尤其是缺乏维护而产生设施老化、建筑破损、环境不佳地区的老旧小区改造。其改造思路就是联动政府、社会、居民、企业，聚力创新老旧小区改造模式，建立区政府指导、街道办事处统筹、居委会、社会单位、居民组成的"五方联动"工作平台，由社会单位和居民共同约定出资比例，政府、街道办与居委会给予部分补贴，再共同选择第三方公司为实施和运维方来具体操作。[23]

2. 资金筹措模式

目前，我国各地老旧小区改造政策都提到了积极探索和创新融资模式，[24]并在相关配套政策上给予支持，以鼓励和引导更多的出资主体参与改造项目，当前已探索出政金合作模式和社会资本参与模式两种主要的融资模式。

1) 政金合作模式

政金合作模式是为了改造老旧小区而成立的实施运维主体，包括政府和政策性银行。为确保资金充足，该模式通过向金融机构融资获得所需资金，并通过土地出售、自持经营、对外合作开发等方式获得经营性项目现金流来归还贷款。尽管当前金融机构融资方式多种多样，但老旧小区改造存在公益属性强、回款周期长、担保方式不足等问题，导致其参与性不强。为了解决这些问题，政府和政策性银行采取了创新的政策保障、制度设计和操作流程等方面的措施，使融资筹措模式更科学、深入和平衡。以上海市为例，市政府通过多方论证和探讨，对黄浦区乔家路地块采取政府和政策性银行的合作模式，这是上海市为探索高密度超大城市可持续发展而形成的老旧小区改造新模式。其主要操作包括政府牵头引导市场化运作执行、更新内涵提升、推动"留改拆"并举方式、多重制度保障等。该模式具有融资成本较低且与社区更新匹配度高，以及资金平衡机制和担保方式灵活两个优点。

2）社会资本参与模式

老旧小区改造可以采用社会资本参与模式，该模式不依赖政府出资，而是由社会资本以市场化方式运维项目。社会资本不仅是改造主体，还是后续运营和维护的主体，通过多种创新方式实现项目的盈利，最终实现政府和社会资本的互利共赢。在这种模式下，政府首先需要完成老旧小区的基础类改造，如抗震加固和节能改造等，之后制定相应政策，明确资产权属、设施使用费和细则。经区房管局、社区街道和居民同意后，社会资本可介入项目，通过增加容积率、物业租金、利用闲置空间、提供各种服务等方式回收投资并实现项目的可持续运维。

由于项目盈利性及准入门槛较高等原因，目前该模式在我国实践的案例较少，其中北京市朝阳区政府与愿景集团合作的劲松老旧小区改造项目是社会资本参与模式的典型案例。在该项目中，愿景集团通过投入自有资金对劲松社区进行综合治理和改造升级，以期实现项目可持续运维。该模式具有三个主要优点：首先，充分解决社区痛点，健全群众共建机制；其次，着眼长效机制，推动持续性服务；最后，灵活应对更新阻力，优化闲置资源配置。然而在实际操作中，劲松老旧小区改造项目也存在一些问题。由于涉及管理职能部门众多，包括规划局、城管委、交通委等政府部门，项目实施过程中的问题需要采取一事一议的方式解决，效率低下。部分项目审批流程过长，难以与小区更新工作合拍共振。此外，尽管项目方提出多种危楼"原拆重建"方案，但重建涉及产权再分配和修改规划等问题，目前没有政策文件批准修改老旧小区危楼的规划，单独由社会资本推动难度较大。而且，目前老旧小区改造由硬件升级向软件升级方向过渡，但服务类项目成本回收期慢，缺少实物产权，再融资的难度较大。

3.5.3　改造成本估算分析

老旧小区改造项目具有以下特点：投资规模大、涉及部门多、运维周期长、受政策影响大，资金成本和收益存在较大的不确定性。[25]改造类型与成本估算之间存在较大的关联，因此很难准确地对改造成本进行估算。我国 2000 年以前建设的老旧小区改造内容分为基础类、完善类、提升类三种类型，由于每个项目居民改造需求和意愿不同，改造内容各异。通常情况下，改造成本可以分为土地成本、工程成本、财务成本、土地增值税等多个类别，成本估算过程难以概括为某一特定的计算模型，可根据实际项目中涉及的改造内容和模式灵活进行。

3.5.4 资金平衡方案选择

目前，我国老旧小区基础类改造以水、电、气、路等市政配套基础设施改造为主。楼栋门以内的部分通常由业主负责出资，小区以内、楼栋门以外的部分通常由政府投资改造；老旧小区完善类改造项目以小区内绿化、停车、文体等环境配套设施改造为主，投资相对较少，但能够显著提升居民的获得感，因此实施主体对此类项目的投资积极性较高；老旧小区提升类项目主要集中在公共服务设施和商业服务设施的补短板上，这些项目通常超出了小区的范围，应以街区为单位进行更大范围的统筹。

1. 资金平衡研究现状

我国在老旧小区改造资金平衡方面的探索仍然停留在方向性和策略性的层面，而在研究视角和调控手段上存在一定的系统性和实践性的局限，主要体现在空间协调、作用环节、成本控制、收益提升四个层面。①在空间协调层面，从项目本身角度出发，追求资金平衡，往往会以牺牲区域或整体市场的平衡为代价。例如住宅增容模式因其资金回收快、投资风险低而备受市场欢迎，但是该模式所带来的人口增长却会导致城市公共服务设施和实施资金的双重缺口问题。[26]而经营空间的过量供给也将引发区域供需市场失衡，进而导致项目收益能力降低、打破平衡预期；[27]②在作用环节层面，当前老旧小区改造过程中，重点关注于改造建设，而对于维护管理却缺乏足够的关注。这种情况导致了改造成果的快速衰败，以及改造资源的浪费。同时，由于体制原因，许多老旧小区存在着管理缺失的问题。例如在北京市，超过一半的老旧小区物业处于失管状态。[28]完善物业管理对于打破静态空间成效、持续给予居民获得感具有重要意义；③在成本控制方面，应重视建设和运维成本，不只关注金融财税。现在对于老旧小区改造的成本控制主要集中在公共融资领域，比如金融财税，而忽视了建设和运维环节中的成本控制问题。老旧小区居民的需求各不相同，需要多样化和个性化的改造方案，以满足不同居民的需求，并根据需求紧急程度合理安排实施时间，缩减运维管理成本，这对于有序投放改造资金和最大化改造成效有积极作用；④在收益提升方面，应重视实操落地，不只是规划导控。目前，老旧小区经营收益期限最长为 20 年，因此在此限制下，空间利用和服务管理对收益的影响因素有所不同。就空间利用而言，其收益主要受到经营规模和效益的制约。老旧小区内的空间规模往往不足，增容难度较高，同时受到既有住宅日照条件的限制，可供拆改新建的空间较为稀缺，且现有资源存在较大的利用障碍。除住宅出售模式可一次性快速回收成本外，长周期经营模式还需要面对收益的稳定性、可持续性保障和坪效提升等方面的经营效益挑战。就服务管理而言，制约收益的因素包括居民需求和选择、服务质量等，物业费的收缴还涉及居民缴费意愿的复杂问题。当前的调控手段主要集中在规划层面，例如扩展资源的来源，对于资源利用的实施路径、经营效益和服务管理增收等实操性问题的应对之策相对较少。

2. 资金平衡方案

老旧小区改造可以采取以下多种方式来实现资金平衡：大片区整体规划和统筹、跨片区的组合平衡、老旧小区内部平衡，以及政府引导的多元化投入改造。此外，可以结合城镇低效用地再开发来进一步提高改造的效益。其中：①大片区统筹平衡模式，采用老旧片区改造项目的方式，将一个或多个老旧小区与相邻的旧城区、棚户区、旧厂区、城中村、危旧房改造和既有建筑功能转换等项目进行捆绑统筹，加大对片区内 D 级、C 级危房的改造力度，确保项目内部的统筹协调，实现自我平衡；②跨片区组合平衡模式，将拟改造的老旧小区与其不相邻的城市建设或改造项目组合，以项目收益弥补老旧小区改造支出，实现资金平衡；③小区内部平衡模式，在有条件的老旧小区内新建、改扩建用于公共服务的经营性设施，以未来产生的收益平衡老旧小区改造支出；④政府引导的多元化投入改造模式，对于市、县（市、区）等地方政府有能力保障的老旧小区改造项目，可由政府引导，通过居民出资、政府补助、各类涉及小区资金整合、专营单位和原产权单位出资等渠道，统筹政策资源，筹集改造资金。根据老旧小区项目的实际情况，选取适宜性的资金平衡模式，对于实现降低政府隐性债务、保持房地产市场平稳健康发展、培育形成相对稳定现金流、引入社会资本等城市可持续发展目标具有重要意义。

本章参考文献

[1] 庄惟敏，张维，梁思思 . 建筑策划与后评估 [M]. 北京：中国建筑工业出版社，2018：2.

[2] 何欣蔚，吕飞，魏晓芳 . 基于多目标协同的城市老旧社区更新策略研究 [J]. 西部人居环境学刊，2021，36(2): 102-111.

[3] 黄瓴，周萌 . 文化复兴背景下的城市社区更新策略研究 [J]. 西部人居环境学刊，2018，33(4): 1-7.

[4] 刘佳燕，邓翔宇，霍晓卫，等 . 走向可持续社区更新：南昌洪都老工业居住社区改造实践 [J]. 装饰，2021(11): 20-25.

[5] 赵亚博，臧鹏，朱雪梅 . 国内外城市更新研究的最新进展 [J]. 城市发展研究，2019，26（10）：42-48.

[6] Arnsteinsr. Aladder of Citizen Participation[J].Journal of the American Institute of Planners，1969，35(4): 216-224.

[7] 方晓，谭剑，吴广艳，等 . 义乌老城区城市更新策略 [J]. 规划师，2017，33（8）：112-117.

[8] Callahank. Citizen Participation: Model Sand Methods[J].International Journal of Public Administration，2007，30(11): 1179-1196.

[9] Cui C，Liu Y，Hope A，et al.. Review of Studies on the Public‐Private Partnerships(PPP)for Infra Structure Projects[J].International Journal of Project Management，2018，36(5): 773-794.

[10] 薛璇，王潇，李琳 . 公众参与视角下社区规划师制度的实践探索——以徐汇区长桥街道长桥四村社区为例 [J]. 规划师，2021，37(S1): 25-31.

[11] 陈伟旋，王凌，叶昌东 . 广州市老旧社区微更新中公众参与的模式探究 [J]. 上海城市规划，2021(6): 78-84.

[12] 王凤，卢春香 . 公众参与环境保护的研究进展[J]. 环境与可持续发展，2008（3）：9-12.

[13] Derrick W.Sewell，Susan D.Phillips. Models for Evaluation of Public Participation Programmes[J]. Natural Resources Journal，1979，19:337.

[14] 任远 . 邻避设施决策中公众参与实施效果评价研究 [D]. 天津：天津大学，2014.

[15] 陈掌兵 . 我国公众参与公共管理有效性研究 [D]. 长春：吉林财经大学，2013.

[16] Nadeem O，Fischer T.B，An Evaluation Framework for Effective Public Participation in EIA in Pakistan[J].Environmental Impact Assessment Review，2011，31(1):36-47.

[17] 栾芸，刘静玲，邓洁，等 . 白洋淀流域水资源管理中的公众参与分析及评价 [J]. 环境科学研究，2010，23(6): 703-710.

[18] 龚乃思 . 环境影响评价中的公众参与有效性研究 [D]. 南昌：南昌大学，2023.

[19] 路红艳 . 城市社区商业供给模式及政策建议 [J]. 商业经济研究，2017(20): 5-7.

[20] 吴晗冰，刘鹏 . 社区治理导向下的旧城更新规划——以南充市顺庆老城区为例 [J]. 城乡建设，2020，591(12): 39-42.

[21]　温丽，魏立华．日本都市再生的多元主体参与研究 [J]. 城市建筑，2020，
　　　　17(15):16-19.

[22]　周岚，丁志刚．面向真实社会需求的城市更新行动规划思考 [J]. 城市规划，
　　　　2022，46(10): 39-45.

[23]　王艳．城市更新项目资金来源与收益平衡分析 [J]. 中国房地产，2022(32):52-56.

[24]　李嘉珣．新形势下老旧小区更新的资金筹措模式探究 [J]. 现代城市研究，
　　　　2021(11): 115-120.

[25]　王嘉豪．未来社区项目成本测算及资金平衡研究——以台州路桥凤栖社区项目为例
　　　　[J]. 建设监理，2021(9): 37-39.

[26]　王彬武．上海市老旧小区有机更新的探索与实践 [J]. 经济研究参考，2016（38）：
　　　　39-43.

[27]　赵燕菁．赵燕菁：旧城更新的财务平衡 [EB]. 中国城市规划微信公众号，（2020-
　　　　11-28）[2020-12-20].

[28]　刘佳燕，张英杰，冉奥博．北京老旧小区更新改造研究：基于特征—困境—政策分
　　　　析框架 [J]. 社会治理，2020（2）：64-73.

第 4 章

设计专题：老旧小区改造设计指引

4.1 老旧小区改造设计内容

老旧小区改造是城市更新行动的重要抓手，是重大的民生工程和发展工程，对满足人民群众美好生活需要、推动惠民生扩内需、推进城市更新和开发建设方式转型、促进经济高质量发展具有战略意义。针对老旧小区改造内容庞杂、改造方式多样等现状问题，2020 年国务院办公厅发布了《关于全面推进城镇老旧小区改造工作的指导意见》（国办发〔2020〕23 号）（以下简称《指导意见》），对老旧小区对象范围予以界定，明确了城镇老旧小区是指城市或县城（城关镇）建成年代较早、失养失修失管、市政配套设施不完善、社区服务设施不健全、居民改造意愿强烈的住宅小区（含单栋住宅楼），并明确提出"十四五"期间重点改造 2000 年底前建成的老旧小区。本章按照《指导意见》的有关要求，结合各地改造实践经验，将改造内容分为基础类、完善类、提升类三类，以期为全面推进和有序引导城市更新行动中的老旧小区改造设计工作提供方向性指引。[1]

4.2 老旧小区改造设计原则

老旧小区作为城市的最基本生活单元，也是城市最脆弱的地区，普遍存在人口密度高、老龄化现象严重、人口构成复杂、市政公用设施落后、安全设施严重不足、公共活动空间缺乏、道路拥挤狭窄、用地布局混乱和环境质量恶劣等问题，亟须回归居住环境营造的初衷，保障和提升生活质量。[2] 根据国务院办公厅《指导意见》确定的设计内容，结合城市居住社区建设补短板行动要求，同时与当下面向城市高质量发展和居民生活品质提升的全龄友好社区、绿色社区、智慧社区、韧性社区等社区建设理念融合，老旧小区改造设计可遵循"安全韧性，保护优先""设施完整，全龄友好""健康宜居，绿色低碳""智慧运维，提质增效"四项基本原则（图 4-1）。

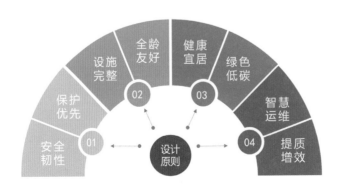

图 4-1 老旧小区改造设计原则示意图

4.2.1 安全韧性 保护优先

安全是老旧小区的基本属性，韧性是老旧小区应对突发事件时的稳定能力、恢复能力、适应能力。《中共中央关于制定国民经济和社会发展第十四个五年规划和二〇三五年远景目标的建议》提出"实施城市更新行动……加强城镇老旧小区改造和社区建设……提高城市治理水平，加强特大城市治理中的风险防控"。党的二十大报告将建设宜居、韧性、智慧城市作为城市更新行动的总体目标。2021 年 8 月，住房和城乡建设部在《关于在实施城市更新行动中防止大拆大建问题的通知》（建科〔2021〕63 号）中明确提出加快补足功能短板并提高城市安全韧性。2023 年 7 月，中央政治局"积极稳步推进超大特大城市'平急两用'公共基础设施建设工作部署会议"提出统筹发展和安全，积极稳步推进超大特大城市"平急两用"公共基础设施建设，提升城市应急保障能力。住房和城乡建设部将主要工作内容指向加强完整居住社区设施补短板行动、新型城市基础设施建设、加强城镇老旧小区改造、增强城市防洪排涝能力等。一方面是增强空间功能韧性。在改造中通过拆违腾退，预留应对突发事件的空间。可考虑平急两用，在布局居民聚会、休闲等活动的日常使用空间的同时，综合考量设施防灾避难场所的应急使用功能，尽可能整合资源，一物两用。强调人性化并考虑残疾人等特殊群体需求，提升设施安全韧性。另一方面是增强设施运行韧性。结合居住社区设施建设补短板行动，完善居住社区配套设施，建设安全健康、设施完善、管理有序的完整居住社区。可运用大数据、云计算、区块链、人工智能等前沿技术，增强老旧小区风险防控与预警能力，推动老旧小区智慧化管理水平。

城市更新的底线要求："留改拆"并举，以保留利用提升为主，防止大拆大建。党的十八大以来，党中央就历史文化保护传承作出一系列重要论述和指示批示，提出在城乡建设中应加强历史文化保护传承，要坚持保护第一，应保尽保。把资源普查、规划编制、修复修缮工作落在实处，坚决防止大拆大建、拆真建假。深刻指出了保护传承历史文化的重要性，为做好历史文化保护传承工作指明了方向、提供了根本遵循和行动指南。国务院办公厅在《关于全面推进城镇老旧小区改造工作的指导意见》（国办发〔2020〕23 号）中强调：在老旧小区改造中要"坚持保护优先，注重历史传承。兼顾完善功能和传承历史，落实历史建筑保护修缮要求，保护历史文化街区。在改善居住条件、提高环境品质的同时，展现城市特色，延续历史文脉。""保护优先"指在改造过程中要尊重和保护小区的历史文化价值、环境风貌和居民的利益，具体表现为：①保护和修复具有历史价值和文化意义的建筑和景观，维护城市传统风貌和历史记忆；充分利用建筑原有肌理，深度挖掘存量建筑的改造潜力和文脉历史，严格评定历史保护建筑的保护等级，明确历史保护建筑的保护范围，保持恢复老旧小区居民的精神场所，支持社区传统业态，保留老旧小区特色业态；②对老旧小区的风貌建筑改造时，应以保护修缮为基本思路，合理排布功能，以实现存量建筑的最大活化利用。注意保护小区生态环境，包括树木、绿地等自然资源，避免因改造而对环境造成破坏；③改造工作应以居民需求和利益为核心，尊重居民生活习惯和意愿，确保改造后的居住环境和条件能够得到实质性改善。

4.2.2 设施完整 全龄友好

2022年10月住房和城乡建设部办公厅、民政部办公厅《关于开展完整社区建设试点工作的通知》（建办科〔2022〕48号）部署，以城镇老旧小区改造和城市体检评估等工作为抓手，聚焦群众关切的"一老一幼"设施建设，重点围绕完善社区服务设施、打造宜居生活环境、推进智能化服务、健全社区治理机制四方面，统筹推进适老化、适儿化改造，推动完整社区建设试点，建设全龄友好社区。①均衡完善社区服务设施——以街道或社区为单元统筹规划和建设，立足其特定发展阶段和地方特质，制定不同类型社区划分标准及服务设施的配套要求、预期指标和方法路径；明确发展方向和整体体系设计，科学规划、合理布局社区服务设施，力求做到配置合理科学、功能比例协调、载体设施丰富、供给渠道多样、供给主体多元、供给机制科学、供需匹配精准；按居民适宜步行范围内可及要求，因地制宜改造设计、盘活社区闲置资源，坚持宜建则建、宜改则改，通过改造和新建相结合，推进规模适度、经济适用、服务高效的社区嵌入式服务设施建设；同时不断创新服务内容，提供多样化、个性化的服务，提高服务水平，确保为居民提供优质、高效的服务，满足居民不同年龄人群的多元化需求。②功能复合促进代际交往——在老旧小区外部空间改造中，要营造各年龄群体代际交往空间，通过住区内功能多元、尺度适宜、环境宜人的公共空间，积极促进老旧小区邻里交往与代际互动；在人文因素层面上，老旧小区要营造和谐互助的代际交往模式，定期组织特色交往活动，增加代际交往频率；在老旧小区外部空间建设与更新改造的过程中，充分发挥居民参与的作用，在增加居民参与度的同时营造浓郁的文化氛围。③空间多元化与共享化——老旧小区普遍存在外部公共空间有限的基本问题，对老旧小区进行全龄友好化改造，使其能够容纳各年龄段的人活动需求，需要在极其有限的空间内进行功能的叠合营造，[3] 在存量发展的前提下提高空间利用率与外部空间吸引力。[4] 促进全年龄段住区居民积极参与外部空间活动，构建富有活力的住区外部空间环境。[5]

4.2.3　健康宜居　绿色低碳

党的十九大报告提出推进绿色发展，开展创建绿色社区行动。2020 年 7 月，住房和城乡建设部在《绿色社区创建行动方案》（建城〔2020〕68 号）中提出结合城镇老旧小区改造，同步开展绿色社区创建行动。2021 年 2 月，国务院在《关于加快建立健全绿色低碳循环发展经济体系的指导意见》（国发〔2021〕4 号）中再次提出开展绿色社区创建行动，结合城镇老旧小区改造推动社区基础设施绿色化和既有建筑节能改造。[6] 绿色社区不仅是改造设计的良好范式，也是社区可持续发展的基础和绿色生活理念、生活方式在社区层面塑造与培育的重要载体，对于实现绿色健康、生态优美的生活环境意义重大。改造设计应坚持以下五个原则：

①安全底线原则——确保人的生命、身体、财产、活动和机能等的安全性是居住环境中重要的健康影响因素。居住环境安全性可以分为：日常安全性，包括对防范安全性、交通安全性，以及其他生活中危险的安全性等；灾害安全性，包括对洪涝、地震等自然灾害引发的灾害，以及人类活动密集地区由人为因素引发的火灾等情况下的安全性；另外，老旧小区应遵循消防、人防，以及防灾规划的要求进行规划布局，设置相应设施，考虑物业管理、安全防卫需要，采取恰当而必要的门禁和公安监视技术。[7] ②健康活力原则——以健康理念引导老旧小区空间环境更新，将居民健康作为重要内容，包括心理及社会方面，如资源利用的有效性和复合性；使用空间用地应采取集约、混合模式；建筑充满活力的社区中心；交通系统便利、安全和低碳；营造公平、和谐、友爱的邻里关系。[8] ③可持续更新原则——老旧小区绿色低碳改造是一项长期的持续性工作，其内容需分阶段、分步骤开展，统筹兼顾绿色低碳改造远期目标与近期行动；当前绿色社区创建行动更多关注环境绿化美化和环保节能，而更高层次的社区生态化、低碳化、有机化建设还需加强；如既有建筑低碳化改造、社区生态更新规划、绿色基础设施建设等仍与国际水准存在较大差距，故改造规划设计需分阶段制定工作目标，做好项目储备，在相关绿色技术成熟后，逐步提高老旧小区绿色发展水平，实现可持续发展。④公众参与原则——为倡导社区居民绿色低碳的健康生活方式，在老旧小区绿色化改造的评估、策划、设计、建设运维等改造全过程，改造实施主体需积极鼓励居民参与改造活动；可推广政府统筹负责、街道办事处组织实施、人民群众充分参与、主管部门监督指导的绿色社区共同缔造模式，形成共谋、共建、共管、共评、共享的社区治理方式；在此基础上，广泛开展绿色生活宣传教育，完善绿色社区宣传教育制度，

促进社区居民将绿色发展理念内化于心，绿色生活方式外化于行；[9] 重点是社区改造后的景观环境对居民身心健康和城市健康发展都有着良好的促进作用，通过改造社区景观、空间和功能来提倡一种健康的生活行为方式，为城市居民打造和谐、绿色、健康的社会环境和物质空间。⑤绿色生态原则——在居住社区建设和使用过程中，需要充分尊重自然环境，延续原有自然生态系统，合理地对土地资源、水资源、生物资源进行最佳利用，尽量减少能耗、减少排放、利用清洁能源，营造人与自然和谐的生态环境。基础设施的生态性要求对于可再生能源应加以处理促使其循环使用，对于不可再生能源应积极提高其使用效率；以水资源的使用为例，可减少家庭和商业部门不必要的纯净水供应及淡水资源的消耗，鼓励雨水和洗涤用水的收集、处理及循环使用。

4.2.4　智慧运维　提质增效

当下，我国从中央到地方高度重视社区智慧治理，并将智慧社区建设视为智慧城市的基础和推进新时代社区精细化治理的重要载体。2022 年 9 月，民政部、中央政法委、中央网信办等九部门《关于深入推进智慧社区建设的意见》（民发〔2022〕29 号）明确了智慧社区建设的总体要求、重点任务和保障措施，并对全面推进基层智慧治理提出了更高要求。智慧社区作为新型的社区治理形态，是实现共享经济的有效形式，对优化资源配置、完善社区服务、提升治理能力、增进居民福祉具有重要意义。新时期智慧社区建设应作好顶层规划、坚持共建共享，创新智慧社区建设新举措，促进社区治理的科学化、精细化、现代化。[10] 老旧小区智慧化改造设计应坚持以下几个原则：

①坚持以人为本，需求导向——以人为本是智慧社区建设的导向，智慧社区本质是现代科学技术与社区建设深度融合的产物。老旧社区是居民生活的重要场所，直接关系到居民的切身利益。随着人民生活水平不断提升，人们不再满足于简单信息传输，期待打破事物之间的阻隔，传统社区的服务内容和方式已难以满足人们的需求；改造设计要从居民实际需求出发，依托现代信息科技，构建起信息联通、网络畅通、数据融通的资源共享、统筹配置机制，将人、事、物的信息进行高度串联，完成对社会系统的动态感知与主动响应，实现与社区居民感知、互联，提高预测预警、风险防控的精准度，让不同年龄段居民都能享受到更加便捷、优质的服务；关注和考虑"一老一小"以及残障人士的切实渴望，打造全龄友好型智慧社区。②构建社区智慧场景，集聚社区资源要素[11]——新时期新理念下，智慧化改造不仅是智慧技术的叠加，

而是基于以人为本的设计理念，考虑多层次资源要素，通过场景营造实现功能协调和资源整合，充分打通社区产业、生活、信息空间，丰富更高品质的社区生活内涵；统筹规划，结合区域发展，从全局视角开展智慧社区更新规划，推进信息基础设施一体化设计，统筹基础设施改造、智慧化建设、智慧化运营等多个环节。③提供面向居民个性化服务，探索长效运营模式——个性化服务是提高社区空间治理效能的有效手段，也是智慧化改造建设社会空间的直接方法之一，可推动以人为本的社区空间治理体系的不断深化。因此，智慧化改造应以居民需求为导向，以解决民生问题为主旨，以优化人们生活方式为目标，结合当前智慧社区政务、经济、文化等现实条件，充分利用物联网、大数据、云计算等新兴技术，以满足居民对生活品质不断提升的诉求和渴望。社会资本可不断创新商业模式，为社区运营提供创新思路，将生活、政务、服务多元融合，最终实现城市的数字化持续发展建设和运营相伴相生的发展模式。此外，还需重点加强社区管理与公共服务，满足居民包括安全、养老、教育，以及社会服务和生活品质提升等多方面需求，通过为居民提供人本化、个性化的服务，重构传统社区中被消解的社会空间，建立更成熟、更完善的社区系统。

4.3 老旧小区改造设计策略

老旧小区改造的设计由既往的"单一型目标"导向转变为以问题、目标和结果多重价值为主的"综合型目标"导向，因此，在进行老旧小区改造设计时，应从宏观层面统筹考虑社区所在区域的综合竞争力、承载力和可持续性等影响因素，协调片区更新的均衡发展。从微观层面关注小区设施与功能的不断完善和生活品质的日益提升，强调对居民需求意愿的精确评估和改造内容的精准施策。以全龄友好、宜居智慧等为目标，围绕设施性能优化、环境品质提升、公共空间活力激活，以及风貌特色营造等方面，通过改造设计为精准确定改造内容和选取适宜改造技术提供支撑（图4-2）。

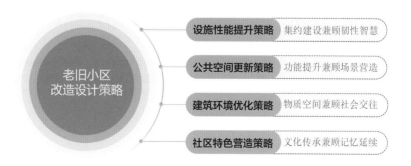

图 4-2 老旧小区改造设计策略示意图

4.3.1　设施性能提升策略——集约建设兼顾韧性智慧

1. 市政基础设施层面

①推动完善老旧小区市政基础设施系统，满足居民增长需求，提升城市整体服务水平和发展支撑能力；②通过基础设施的集约建设，充分释放用地空间，进一步为社区各类公共配套服务设施建设提供空间；③结合技术发展新趋势，落实新型市政基础设施建设的理念和要求，提升市政系统水平。

2. 环境配套设施层面

①以多元灵活方式优化设施空间布局，并充分考虑用地条件，兼顾不同设施特点和居民使用习惯；②鼓励文体、商服等设施适当集中布局形成集聚效应，教育医疗设施尽量结合服务半径分散布局以满足就近使用并避免相互干扰；③探索不同级别或类型设施的复合布置方式，降低用地成本；④统筹设置社区生活圈中心，提高区域整体服务水平，塑造中心形象，鼓励社区内部公共服务设施沿街设置，促进设施共享和活力街道营造。

3. 公共服务设施层面

①识别人群特征，推动供需精准匹配——依据人群结构、行为和需求特征对不同类型社区针对性制定配置方案，实行差异化供给，如老龄化程度较高的社区适当提升适老服务设施规模；特色塑造型设施针对有特殊发展需求社区特点，提供定制化设施服务。②刚性弹性指标结合的设施优化策略——除确定基础性配置规模外，考虑设置弹性调节指标，应对人口结构变化和群体需求特征的变化。③设施共享和多元兼容——完善以步行、自行车为主的慢行交通网络，提高慢行道路连通性。同时提高设施的开放度，实现不同功能兼容并用，塑造更复合的服务空间。

此外，各类便民设施在设计时应考虑与环境协调、材质耐久、工艺安全、无障碍设计等因素。同时，还需兼顾夜间照明、遮风避雨等多场景使用需求。在满足实用性的基础上，适当进行艺术美化，以提升小区景观环境与风貌特色。

4.3.2　公共空间更新策略——功能提升兼顾场景营造

老旧小区公共空间改造不仅涉及空间修补和设施完善，还要挖掘可持续的内生动力，实现空间环境品质提升与基层治理活力复苏。鼓励结合场景营造进行空间更新，以各类既有设施为载体，通过空间要素更新与组合形成特定符号意义的场景，进而产生吸引力和集聚效应，提升社区活力，带动社区经济增长。

1. 以生活场景为逻辑重塑社区服务供给

场景是社区生活方式的容器，是地方文化、社交环境、科学技术、消费品位等复合型生活需求与功能的空间载体。通过精准识别居民诉求，梳理社区公共空间资源要素。结合"社区生活圈"建设，通过有机更新方式，改造、新建各类与居民需求高度匹配的舒适物系统，在多样化的活动、复合型的功能中构建集服务、治理、文化等于一体的多维度场景。

2. 以特定场景为触媒培育社区特定符号意义

场景驱动的老旧小区改造空间设计模式，通过深挖社区存量空间、居民需求特征与人文资源，以嵌入式服务和文化场景营造为主要方式，推动"自上而下"与"自下而上"形成合力，构建融地域、生活、情感、价值于一体的社区睦邻生活场景。并以特定场景呈现社区经济、文化和生活的符号意义，由多元场景吸引多样化群体挖掘社区新价值。

3. 以多元场景吸引多样化群体挖掘社区新价值

多样化、全龄段群体是社区的活力基础。场景营造对于社区更新的促进作用在于吸引不同群体，进而提升基层治理效能。此外，通过塑造适应不同群体偏好的开放场景，吸引外来就业人员、游客等多样群体及老年人、儿童、青年等全龄人群。通过多场景融合促进不同群体在社区空间集聚，在交往中树立社区认同感与规范意识，赋予众多企业和人才释放更多的城市机会与机遇，从而构筑城市发展的持久竞争优势和竞争力。

4.3.3   建筑环境优化策略——物质空间兼顾社会交往

1. 织补绿色空间，提高绿视率促进资源高效利用

丰富绿化空间层次，完善现有绿化系统。多重举措并行，提高室外空间绿地可视化，吸引居民外出活动。提高参与度，增配新功能，通过设计手段将废弃土地功能转为社区农园，提供菜园、景观和步道，吸引不同居民参与其中。消除小区消极空间，提供便捷社区服务。同时，充分利用废弃土地、卫生死角、建筑拐角和压抑的楼梯口等低效空间，置入对区位要求不高的停车场、晾衣烘

干房、休憩小凉亭等生活服务新功能。此外，可选择适宜空间布置具有观赏性、愉悦身心的楼梯彩绘墙、特色花卉树池等微景观。[12]

2. 规划运动空间，以健身步道串联开放空间

改造设计时兼顾各年龄层需求，规划适宜儿童玩耍的游戏空间，满足青少年体能锻炼的圆形跑道和球类活动等体育空间、舒缓成年人压力的放松性练习空间和调节老年人身体机能的养生活动空间等。同时，合理设置小区健身路径，拆违插建，见缝插绿，充分利用闲散荒废的建筑空地及过渡空间，以慢行步道有效串联各类健康运动空间和绿地等开放空间。此外，健身路径可与配套公建、社区防灾救灾及公交步行系统结合，建立健身环境与道路、建筑的良好互动。

3. 丰富交往空间，构建社交活动网络

老旧小区改造设计时，需考虑文娱设施综合设置、集中建设，尽可能选取居民活动轨迹中心点，以保障居民使用便捷性。同时，引导空间功能复合化，调整现状功能与周边环境关系，增加提升类、市场类设施功能配置引导，如融入儿童科教场地、文化展示廊及休憩场所等积极功能。此外，提高空间及设施利用率，增强社区活力。如白天作为咨询处、公益讲堂等使用的角落，晚上可作为观演、户外散步、夜市等活动集中点。增设单元交往空间，构建网络化、无障碍的社交活动网络。

4. 满足交通功能，打造社区"生活街道"

老旧小区改造时，可适当调整小区交通模式。将主要通道转换为"居住优先"的生活性街道，取消不必要交通，降低小区的道路密度。同时，根据小区原有路面宽度及广场绿地布局现状，可采取支路改造为港湾式或生态停车场等方式，与剩余绿地之间以绿篱和花草合理配置形成绿化隔离带，改善停车位紧缺现象，同时可以丰富优化社区景观。

5. 注重空间细节设计，优化社区生活品质

老旧小区改造要注重提升环境安全度，保障住户出行安全。周边需增设明确边界分隔，同时可加设智能检测装置，以及高差和铺装增设防滑和无障碍设计等。此外，尽量增加小区内夜间照明的亮度及光影覆盖范围。景观设计以低碳环保为理念，鼓励采用可多次循环使用的景观材料，添置环保低能耗的休憩设施，还可鼓励居民自主创新，利用废弃材料参与设计。

4.3.4　社区特色营造策略——文化传承兼顾记忆延续

当下老旧小区存在"批量化"改造、形式千篇一律、内部缺乏点睛之笔、人文气息不浓厚、文化特色挖掘不足、传承利用不够等问题，根本原因在于对文化痕迹、文化载体的继承与创新不足。老旧小区是城市风貌重要组成部分，不仅蕴藏着历史文化信息，更重要的是不同地域的老旧小区，在人口构成、基础设施水平、空间类型、文化底蕴等方面具有不同特征。部分老旧小区反映了一个时代的居住环境特色，见证了城市的发展历史，承载着几代人的社区记忆，反映了城市居民对生活的态度，是城市生活的重要载体，市井文化最浓厚的地方，而这正是城市最本真的文化气质。一个具有浓厚历史文化特征的城市，所包含的老旧小区往往具有不同时代、不同地域和不同群体的文化痕迹。此外，社区当下的日常生活文化载体也是一种社区"活态"的文化现象，社区文化发展既要传承也要创新，老旧小区文化载体应能尊重历史，融入区域环境。

老旧小区改造设计时应注重挖掘社区文化内涵，尽量保持环境记忆延续和意象特征，重塑居民精神家园：①运用综合性思维，加强老旧小区改造设计的统筹协调，处理好保护和利用之间的关系；把握好地域的时间性和空间性，继承好不同时期居民生活的文化痕迹，营造具有时代层积特色和创造性的人文环境。②深入挖掘居民日常生活文化和延续岁月传承的邻里情感，传承和保护具有市井特色的文化载体；同时应设计具有创造性、满足现代生活需求、融入当前时代特色和人文精神的文化载体，增加社区人文气息。③注重文化切入，回归人本逻辑，发掘文化基因，传承历史文脉，彰显文化特质，增强文化认同，为社区发展治理铺就深厚文化底蕴和群众基础。④创新利用特色文化吸引和承载文化产业，借助前沿科技和商业模式等新经济特色因子，推动文化价值的高效转化，为社区发展治理提供持续的内生活力和外在动力。

4.4　老旧小区改造设计指引

城镇老旧小区改造工作兼具民生属性和发展属性，推进城镇老旧小区改造关系到城镇老旧小区功能的提升和城镇老旧小区人居环境的改善。依据国务院办公厅《关于全面推进城镇老旧小区改造工作的指导意见》（国办发〔2020〕23号）的决策部署，将改造内容为基础类、完善类、提升类三类。参考各省（市）全面推进城镇老旧小区改造工作实施方案和意见等政策文件要求，按照老旧小区的改造内容类型为改造设计提供通用性方向指引。在实际操作中，还需结合老旧小区自身实际情况，将不同地域分布、不同类型特征、不同人群需求作为改造设计方案的依据，并参照地方标准规范，因地制宜，问需于民，精准施策。

4.4.1 基础类改造设计要点

基础类改造为满足居民安全需要的基本生活需求，主要是市政配套基础设施改造提升，包括小区内建筑物的加固、维修、整洁，以及小区内市政配套基础设施水、电、气、路的改造提升。

1. 房屋综合改造

对存在结构安全隐患的老旧小区住宅、公共建筑，以及构筑物制定切实可行、安全可靠、扰动最小、效果最优的设计方案，用于项目施工，保证居民的生命财产安全。老旧小区房屋综合改造主要包括结构加固、屋面修缮、立面改造、楼道整修、节能改造、管线改造、地下空间改造等相关内容（图4-3）。

（a）   （b）   （c）

图4-3 老旧小区基础类改造示例
（a）屋顶修缮；
（b）立面改造；
（c）楼道整修

1）结构加固

当建筑物存在以下情形时，由专业检测机构对建筑物进行检测鉴定：①建筑物存在大修、改造或改扩建情况；②建筑物改变用途和使用环境；③建筑物接近或达到设计使用年限；④建筑物遭受灾害或事故；⑤建筑物存在较严重的质量缺陷或出现较严重的锈蚀、损伤、变形、裂缝；⑥建筑物原设计未考虑抗震设防或抗震设防要求提高；⑦建筑物存在私拆乱改等对原结构构件造成严重损伤。根据检测鉴定结果，对需要加固的建筑物，由设计单位进行加固设计，经专业机构审查合格后，方可使用。既有建筑的检测鉴定、加固设计和施工，由具备相关资质的单位和有经验的专业技术人员完成。

2）屋面修缮

对存在局部渗漏的建筑物屋面，需查清原因，修缮损坏的防水层。对漏水严重的建筑物屋面，结合建筑物屋面节能改造，重新做保温隔热层、防水层及保护层。原建筑已经设置屋面防雷装置的，对破损部位进行修复。原建筑未设置屋面防雷装置的，根据要求相应增加。

3）立面改造

立面改造应保留老旧小区建筑能体现时代特征的建筑结构、形式、材料、色彩、构件（如门窗装饰、烟囱、阳台、露台、楼梯、雨篷、栏杆、砖雕、腰线装饰、装饰线脚、水泥勒脚等）等。对较完整的建筑物外墙饰面进行清洗或重新粉刷，并与周边环境风貌相协调。对破损、陈旧、风化严重的房屋外墙先进行防渗处理，再进行饰面修补、粉刷。修缮雨水管、雨篷、散水等建筑构配件。通过维修或更换破损雨水管，整修破损雨篷、散水等，使其满足建筑功能要求。空调外机位要整齐或设计遮挡装饰，空调冷凝水管可设置有组织排水。对住户原有空调外机支架进行检查，对不满足安全要求的，督促采取加强防护措施。

4）楼道整修

对破旧、黑暗、杂乱的楼道进行修缮、清理和粉刷，达到安全、明亮、整洁的标准。楼道内公共区域要设置照明系统，光源可采用节能型灯具。对楼梯踏步面层损坏严重，影响正常使用，存在安全隐患的，进行修补。对楼道护栏及扶手缺失、损坏，影响正常使用的，进行修配。对缺少玻璃的楼道内采光窗，要配齐玻璃；对缺扇、没有维修价值的采光窗可进行整体更换。楼道建筑入口门斗、雨篷、台阶、无障碍坡道等设施损坏严重影响正常使用或存在安全隐患的，进行修补或更换。楼道整修与管线改造同步进行，综合考虑与管线改造需求有关的管井和设施布置位置。对楼栋内老化、破损、跑漏严重的排水管道根据排查评估和征询意见结果进行改造。

2. 基础设施改造

1）供水设施改造

室外给水管网系统应根据设计使用条件选用管材，宜使用球墨铸铁管或塑料管，塑料管间连接宜采用热熔连接或电熔连接，管材管件及其连接系统的公称压力或允许工作压力应符合相关现行国家标准要求。室外给水管网改造时应复核消防管网需求。供水管网改造时，应按照现行国家标准《建筑给水排水设计标准》GB 50015、《民用建筑节水设计标准》GB 50555 的有关规定执行。

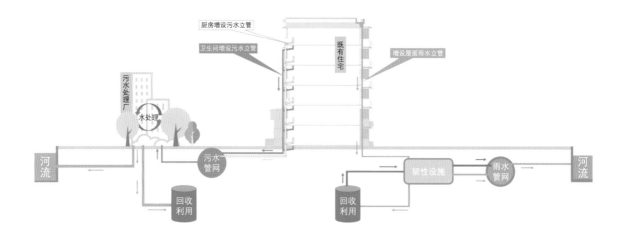

2）排水设施改造

在条件具备情况下优先考虑雨污分流。建筑物生活污水不排入雨水系统，建筑屋面排水不排入生活排水系统，室外生活排水不排入小区雨水管网，小区雨水不排入小区污水管网。室外排水管网系统宜采用埋地排水塑料管和塑料排水检查井，检查井内应设置防坠网。排水检查井、化粪池等宜采用成品井池。雨水系统宜与小区景观、韧性城市建设结合和整体实施，或采用韧性城市相关技术，提高小区雨水积存和蓄滞能力，提升防涝水平。地下室车道地面出入口应设置防止雨水倒灌的截水和挡水设施（图4-4）。

图4-4　雨污分流—排水设施改造原理示意图（图片来源：根据本章参考文献[13]改编绘制）

3）供电设施改造

新建变电所应尽量靠近用电负荷中心，宜设置在地面首层，预留足够扩建空间。应结合工程特点、用电容量、所址环境、供电条件、节约电能、运行维护等因素，合理选用设备和确定设计方案，[14]并应满足变配电设备防火、通风、防水、防噪声、防辐射要求。改造前应对原有建筑电气系统进行现场勘察，并根据现场实际供配电情况，以及加装电梯、充电桩需求量做相应增容计算。按"适度超前"原则，供电企业根据小区实际情况及电动车用户的充电需求，结合老旧小区改造，开展配套供电设施改造，合理配置供电容量。[15]电缆路径的选择应考虑安全运行、维护方便及节省投资等因素，并与其他地下管线统一安排。住宅供配电应采取防止因接地故障等引起火灾的措施。通常可在低压电源进线或配电干线处设置剩余电流动作保护或剩余电流动作报警装置。原电气线路超过使用年限的电缆电线，应进行改造。室外工作场所的用电设备的配电线路应设置剩余电流保护器。室外配电箱、柜、计量装置改造应满足防水、防潮、防雷、防漏电等安全防护要求，做好相关防护措施，切实保障用电安全。

老旧小区架空线路的整治改造，宜选择地下穿管、管沟的敷设方式，结合道路改造同步进行。

改造的电缆与电缆、管道、道路、建（构）筑物之间允许最小距离应参照现行国家标准《电力工程电缆设计标准》GB 50217 的相关规定。架空线路不具备下地条件的区域，可通过优化线路结构进行改造，采取装饰性遮挡或入槽盒、套管、桥架等方式进行有序规整，符合安全要求及横平竖直的美观要求，[16] 并设置明显标识以便识别，管道容量应适当留有裕度。建筑门面装修时不应密封原来明敷的低压线，宜采用栅格式，便于检查配电线路。跨越道路的线路高度，必须满足消防车通行要求。对附着于建筑外墙的电力线路，架空的管线能埋地的，宜通过管沟进行埋地处理，并设置相应的标识。不能埋地的管线可由相应的专业经营单位进行梳理规整，统一高度和线路走向，做到美观、安全、耐用。严禁出现楼层之间、单元之间、楼栋之间的无固定绑扎、路径不规则等不规范敷设的架空线。小区废弃的管线设备必须拆除。

4）通信设施改造

小区通信设施改造应避免重复建设，应采用三网融合光纤入户的接入方式进行改造。小区通信网络应满足居民日常生活及智慧小区应用需求，并预留新一代业务发展的容量，以满足小区未来网络升级及 5G 建设需求。[17] 小区内明设的通信光缆，以及有线电视等线路应进行规范治理。多家权属的通信线路应统一设计、统一敷管，并挂设明确管线管理权属单位的标识。架空通信线缆原则上采用入地敷设。不具备入地条件的，应通过包扎、槽盒、套管或桥架等方式进行有序规整。室外、楼道光纤分配箱应集中设置，满足多家运营商光缆设备安装条件。通信设施改造应参照现行国家标准《住宅区和住宅建筑内光纤到户通信设施工程设计规范》GB 50846、《住宅区和住宅建筑内光纤到户通信设施工程施工及验收规范》GB 50847 的规定进行设计、施工。光缆交接箱、墙挂式配线箱、接头盒的安装位置应符合下列规定：①安装在线缆的交汇处或分支处；②安装在人行道边的绿化带内、院落的围墙角、背风处；③安装在不易受外界损伤、比较安全隐蔽和不影响环境美观的位置；④安装在靠近人（手）孔便于线缆出入，且利于施工和维护的位置；⑤避开高温、高压、电磁干扰严重、腐蚀严重、易燃易爆、低洼等场所；⑥避开设有空调室外机及通风机房等有振动的场所；⑦避开行人和车辆的正常通行处。[18] 管沟中通信电缆相互之间允许最小间距，以及通信电缆与其他管线、构筑物基础等最小允许间距应符合现行国家标准《城市工程管线综合规划规范》GB 50289 的有关规定，如局部不符合规定的，应采取必要的保护措施。

5）燃气设施改造

燃气设施改造应参照现行国家标准《城镇燃气设计规范》GB 50028，按照现行的国家标准《城镇燃气输配工程施工及验收标准》GB/T 51455 和现行地方标准《燃气输配工程设计施工验收技术规范》DB11/T 302 的规定。

老旧小区的燃气设施改造应符合下列规定：燃气改造应选择智能气表并实现"一户一表"；所在地区具备远传条件时宜选择安装远传智能气表；附着于建筑物上的管线应统一归置、固定，采用防腐、涂漆措施并设置防爬防盗设施；对未做保护措施的调压箱、立管等燃气设施，应加装防撞护栏等设施加以保护；燃气引入口的阀门宜安装在住户外部；完善燃气管道标志、标识，标志、标识应符合现行国家标准《城镇燃气标志标准》CJJ/T 153 的有关规定；管网改造时，燃气设施性能应符合现行国家标准《燃气工程项目规范》GB 55009 的有关规定，改造后管道、管件、阀门等设备应符合现行国家标准《城镇燃气设计规范》GB 50028 的有关规定。对满足安装管道燃气条件的老旧小区宜增设管道燃气设施，并满足下列要求：管道燃气覆盖范围内的小区，宜铺设燃气管道；燃气管道宜安装至居民用火点；燃气立管应明装，设置醒目的标牌标识。低层住宅立管应安装防盗装置；安装燃气管道和使用燃气燃烧器具的房间，应满足相关规范规定的燃气安全使用环境要求。燃气系统改造应由燃气公司或有相应资质的单位进行改造施工，保证改造后燃气系统的安全使用。

6）供热设施改造

未设置供暖设施的老旧小区应增设供暖设施，并宜设置集中供暖系统。老旧小区供热系统改造宜与建筑节能改造相结合，并应考虑供热系统整体性改造。供热热源、热力站、供热管网的改造应符合现行国家标准《建筑节能与可再生能源利用通用规范》GB 55015 及《供热系统节能改造技术规范》GB/T 50893 的规定。未设置热量计量装置的集中供热系统，在改造过程中应按照国家及地方标准的相关规定增设热量计量装置。小区内供热管网宜采用直埋敷设方式[①]（图 4-5）。供暖系统的热力站供热能力不能满足用户需求的，应按照国家及地方标准的相关规定进行改造、更换或增设热源设备。

[①] 供热管网常见的敷设方式有地上敷设、地沟敷设、直埋敷设三种。地上敷设是将管道敷设在地面上独立的或架式的支架上，需要占用老旧小区公共空间并对建筑采光产生不利影响；地沟敷设是将管道敷设在地下管沟内，不占用地上空间，但施工量大，且容易对既有建筑基础产生不利影响；直埋敷设是将管道直接埋在土壤里，不占用地上空间，施工量小，适用于老旧小区改造。

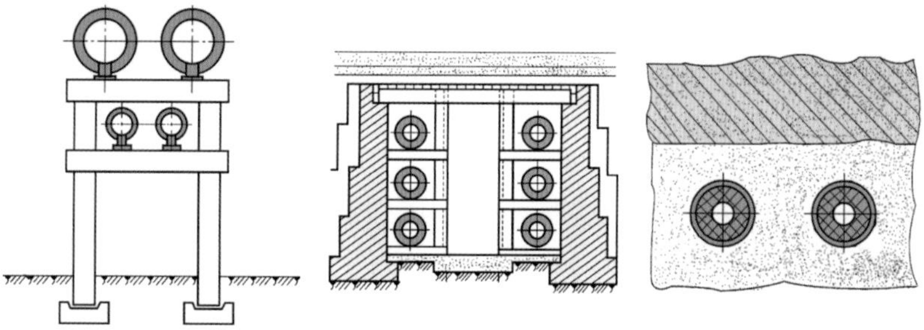

图 4-5　老旧小区供热管道敷设方式示意图
（a）地上敷设；
（b）地沟敷设；
（c）直埋敷设
（图片来源：根据本章参考文献[19]改编绘制）

（a）　　　　　　　　（b）　　　　　　　　（c）

7）消防设施改造

　　受条件限制确有困难的，原则上应在现状基础上进行改造提升，去除现有的消防安全隐患，并应不低于建成时的消防技术标准。消防设施改造原则上应结合地下管线综合改造、道路及场地更新、架空管线规整、违章建筑整治等工程同步实施。小区内的道路、场地设置应符合现行国家标准《建筑设计防火规范》GB 50016 中对消防车道、救援场地和入口等内容的相关规定。确有困难时，按上述规范第 5.7.1、5.7.10 条要求处理。小区内已设置消防通道的应实现消防安全通道和安全出口畅通。未设置消防通道或消防通道不满足消防车道要求的老旧小区，需根据小区现状情况，优化调整小区出入口宽度、道路宽度、道路转弯半径，满足消防车通行及救援要求。采用封闭式管理的住宅小区消防车通道出入口，落实在紧急情况下立即打开的保障措施，确保不影响消防车通行。[13] 消防通道、消防车登高操作场地应划定禁止停车区域，严禁在消防通道、[20] 消防车登高操作场地停放车辆、设置停车场（位）、放置障碍物或乱搭乱建，应按相关规定设置鲜明醒目的标志标线、警示牌等，并定期维护。[15] 小区内已设置的消防车道、消防车登高操作场地与建筑之间应对现状中影响消防车操作的树木、架空管线等障碍物进行清理。小区内的高层建筑未设置消防车登高操作场地的，在条件允许时宜设置消防车登高操作场地。消防设施改造宜采用新技术、新材料、新产品，不应 [11] 降低现状消防水平。经现场勘测，对现状建筑物之间不满足防火间距要求的，按现行消防标准进行处理。

　　按照有关标准和规范无法解决的其他消防技术问题，应针对具体问题进行专项研究，按国家及地方有关规定实施。对室外消火栓管网进行排查及修缮，消防管网完好率应达到 100%；未设置室外消火栓系统的小区，宜结合室外供水管网改造增设室外消火栓系统。室外消火栓设置间距不应大于 120m，保护半径不应大于 150m。[12] 电动车充电桩区域应配置干粉灭火器等消防设施。室外消火栓不应埋压、圈占；距室外消火栓、水泵接合器 2.0m 范围内，不得设置影响其正常使用的障碍物。当老旧小区消防设施改造升级时，有条件的小区可增设微型消防站。

8）安防设施改造

宜结合小区基础设施条件合理设置视频安防监控系统、楼宇（可视）对讲系统、出入口控制系统、电梯五方对讲系统、停车库（场）管理系统等安防设施。[13] 小区应在下列位置安装视频监控设施，并符合现行国家标准《住宅小区安全防范系统通用技术要求》GB/T 21741 的有关规定：①小区主要交通通道（含消防通道）、主要出入口；[13] ②住宅楼室外停车场及出入口；③地下机动车库车流主干道、交叉口、出入口；④室外老年人及幼儿活动场地、电梯轿厢内；⑤安防中心控制室等。小区出入口、楼栋出入口、地下车库出入口等位置宜按照要求设置出入口控制设备。出入口控制系统必须满足紧急逃生时人员疏散的相关要求。当发生火灾或需紧急疏散时，人员[13] 应能迅速安全通过。安防监控设施改造应符合现行国家标准《民用闭路监视电视系统工程技术规范》GB 50198 和《视频安防监控系统工程设计规范》GB 50395 的有关规定，监控录像保存期限应不少于 30d。

9）垃圾分类

垃圾收集点应布局合理，位置相对固定，便于使用和清运，服务半径不宜大于 70m，并不得影响周边卫生和景观环境。垃圾收集、分类及清运应符合现行国家和地方标准有关规定。生活垃圾分类标志图形符号，版面、尺寸和配色设计，以及设置位置、规格和安装要求应符合现行国家标准《生活垃圾分类标志》GB/T 19095 的有关要求。小区内宜设置垃圾分类宣传专栏，引导垃圾分类。垃圾分类收集容器应摆放整齐、外观整洁干净、分类标志清晰可见，密闭后应能防止水分和气体外溢，如有破损应及时维修、更换。条件允许时宜设置建筑垃圾专用收集点（图 4-6）。

10）道路整治

受条件限制的小区，其道路通行能力不应低于现状条件，并采取技术与管理措施清除各类占道设施和物品。小区道路结合现状条件统筹规划，细化道路等级、优化路网系统，打通断头路和瓶颈路，并与城市道路交通系统及慢行系统有机衔接，达到路线清晰合理、使用方便的交通需求。小区道路改造应根据

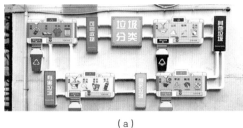  

（a）　　　　　　　　　　　（b）　　　　　　　　　　　（c）

图 4-6　老旧小区生活垃圾分类设施
（a）垃圾分类宣传标识；
（b）物品回收装置；
（c）分类垃圾桶

实际情况结合地下管线、停车场和海绵城市等改造工程综合实施。小区道路改造应保留和利用有历史文化价值的街道，延续原有的城市肌理。[14] 小区主要道路应保持顺畅，以满足消防、救护、工程救险、搬家运输、垃圾清运等车辆的通行要求。小区人行道路应保证连贯性和平整度，并应设置照明设施，不应随意放置影响行人通行的障碍物。小区人行道路改造后应连续、安全，宜进行无障碍通道的改造，并设置道路标识。实现小区入口、主要道路、活动场地和住宅单元及公共服务建筑出入口之间的无障碍通行。路面出现沉陷、裂缝、龟裂、坑槽、啃边、车辙、变形等明显病害时，应进行整治处理。

小区主要道路和宅间路改造时宜采用沥青路面或水泥混凝土路面。人行道路及停车场宜采用砌块路面，路面材质宜选用透水材料。道路改造工程宜满足雨水系统改造的相关要求，同步优化道路横坡坡向、路面与道路绿化带及周边绿地的竖向关系，便于径流雨水汇入绿地。小区各类井盖、雨水箅子等应保证与路面平顺、安装稳固。对于其缺失、破损、井口下沉或凸起超出误差范围、井口周边路面龟裂破损、井墙损坏、井框变形等情况，应及时进行整治更换。小区出入口，以及幼儿园、老年人服务点、公共服务设施出入口、道路和道路交叉口、机动车和非机动车停车位等宜增设相应的交通警示标志。标志标线应符合现行国家标准《城市道路交通标志和标线设置规范》GB 51038 的有关规定。小区内采取必要的机动车限速措施，设置鸣笛警示标识。

4.4.2　完善类改造设计要点

在基础类改造内容基础上，增加为满足居民生活便利需要和改善生活需求的内容，主要是环境及配套设施改造建设、小区内建筑节能改造、有条件的楼栋加装电梯等。其中，改造建设配套设施包括改造或建设小区及周边绿化设施、无障碍设施、停车库（场）、电动自行车及汽车充电设施、文化休闲设施、体育健身设施、物业用房等配套设施。

1. 拆除违法建设

影响小区公共环境，侵占道路、绿地、公共场地、疏散通道等公共部位，妨害消防、抗震、人防、供电、供水、供气等公共安全的违法建设，应统一清理拆除，对具有安全隐患的非建筑本体的凸出物应予以拆除。拆除部位做好技术处理措施，不应影响原建筑使用安全和美观。[19]

2. 室外活动空间

坚持因地制宜、建管并重的原则，应考虑居民不同使用需求，设置多种类型室外活动空间并注重功能复合使用。可结合小区内边角地、夹心地、插花地等，见缝插针开辟具有休息、游憩功能的活动空间，布置公共活动设施。室外活动空间应根据小区整体氛围进行统一景观设计，增设体现小区人文特色的亭廊、景观墙、公共艺术品等构筑物。[20] 有条件的老旧小区宜统筹设置室外老年人及儿童活动场地，场地设计应参照现行《城市居住区规划设计标准》GB 50180 的规定（图 4-7）。

3. 小区及周边绿化

根据老旧小区绿地条件和居民实际需求，合理规划设计绿地。拆除占绿、毁绿的违章建筑（构筑物），恢复绿地空间。尽量保留和利用小区内原有绿地和树木，古树名木应建档挂牌，明确保护要求与措施。具有保护价值的老旧小区改造提升可放宽绿地率等指标性要求，可依托阳台、屋顶、墙面等增加立体

图 4-7　重庆市邢家桥社区公共活动空间营造

小院议事广场　　　　　　门前休息空间　　　　　　树下休憩空间

绿化，提高小区绿视率，平衡绿化总量。对裸露地应补植园林植物，优先选择本地树种，植物配置风格应与原小区绿化相协调，靠近市政道路一侧的绿化应与道路绿化景观相协调。有条件的小区应对绿地进行海绵化改造，合理设置下沉式绿地、植草沟等。对现有树池进行生态化改造，可覆盖网格式透气护栅。针对小区内植物影响住宅采光、通风，植物病虫害严重等问题，应提出整治方案，统筹开展树木调整移栽、整形修剪、病虫害防治等工作（图 4-8）。

4. 公共照明设施

老旧小区出入口、小区内道路、活动场所、单元出入口等位置公共照明设施的改造提升，应根据现状条件维修、更换或增设照明设施，符合现行标准规范。科学设置灯具安装位置、照射方式和照射时间等，增设的照明设施应避免对居民正常生活产生干扰、对原建筑物造成破坏、对动植物生长产生影响。鼓励采用高效节能灯具产品和绿色生态能源，采用分区、定时、感应等节能控制方式。应采用防眩光灯罩，保证照度的均匀性并有效限制眩光及光污染。整合小区照明设施、安防设施、标识系统等，推进多杆合一。

5. 适老和无障碍设施

应遵循易识别、易到达、无障碍、保安全的原则，根据小区实际情况，改造或建设小区及周边适老和无障碍设施，并遵循相关标准和要求。小区内绿地、道路、停车场（库）及公共卫生间等处应改造或建设适老设施和无障碍设施。公共空间中有安全隐患的突出物等，应拆除或做软性防碰撞处理。应设置无障

图 4-8　成都市抚琴街道社区绿化与既有建筑相映成趣

社区花园绿化

社区垂直绿化　　　　社区广场绿化　　　　社区墙边绿化

碍标识，标识应规范、清晰、明显并加以维护。

6. 加装电梯

　　加装电梯前应对原住宅结构进行安全评估，制定适宜技术方案，确保结构安全。应根据住宅单元与小区环境，遵循建筑功能和交通组织合理、结构安全、对环境影响最小原则，综合考虑施工安装、运营维护等要求，并结合适老化改造与无障碍建设，符合各省市制定的既有住宅加装电梯设计相关的标准、导则等的规定。应根据加装电梯工程实际情况，对建筑室内外给水、排水、燃气、热力、供电、通信、有线电视、网络等管线设施进行综合改造。加装电梯应尽量减少对住户采光、通风、噪声、通行等方面的不利影响。加装电梯后不应影响老旧小区道路通行和安全疏散，小区内需通行消防车的道路，其净宽度和净空高度应符合现行国家标准《建筑设计防火规范》GB 50016 的要求，既有道路净宽度和净空高度不符合规范要求时，加装电梯后不得再减小。加装电梯结构与原有住宅结构连接方式应采用弱连接（图 4-9）。

7. 非机动车停车场（库）

　　应结合老旧小区及周边交通条件统筹规划小区内非机动车停车场（库）。对于小区内原有非机动车停车场（库）应进行调整与再利用规划，完善非机动车停车标识。对于新增非机动车停车场（库）可利用小区内边角地、夹心地、

天大六村加梯工程

青荷苑加梯工程

图 4-9　既有住宅加装电梯工程实例

插花地空闲土地等进行合理布置。有条件的小区应增设残疾人机动轮椅车车位及其充电设施。老旧小区宜结合周边交通情况在小区出入口附近集中划定共享单车停放区域。非机动车停车场（库）应配置或预留电动自行车的充电设施，并做好防雨、防雷、防火等安全防护，配备灭火器材。

8. 机动车停车场（库）

应结合老旧小区现状条件，优化原有机动车停车场（库）规划布局，规范行车路线，完善相关标识，有条件的可根据需求优化地面车位布局。在征得居民和相关主管部门同意前提下，可利用小区内其他场地或建设机械式立体车库等方式，增加机动车停车位。增设机动车停车场（库）应保证小区内的交通组织合理有序，满足消防要求，不应影响周边住宅的日照、采光、通风等，并避免噪声、尾气等污染。新增停车场应采用易于维护、经济性好的可渗透地面及材料，并考虑乔木林荫带等遮阳措施。在满足安全的条件下，小区应结合机动车停车场（库）统筹配置电动汽车充电桩，并做好防雨、防雷、防火等安全防护，配备灭火器材。应符合现行的国家标准《城市居住区规划设计标准》GB 50180、《车库建筑设计规范》JGJ 100 和电动《电动汽车传导充电系统》GB/T 18487.1 等相关规定（图 4-10）。

9. 邮寄设施

应整治、修缮老旧小区楼道内外破损的信报箱。根据小区规模与人流量应综合设置智能快件箱、智能信包箱等设施。设施应设置在人流出入便捷处，可结合物业管理设施或门卫、收发室、便利店等设置。预留电源及网络接口，并纳入小区公共基础设施管理系统。不具备条件的小区，可考虑与邻近小区连片集中设置。

图 4-10　老旧小区院落增设停车及充电设施
（a）非机动车停车棚与充电设施；
（b）机动车停车场与充电设施

（a）　　　　　　　　　　（b）

10. 文体休闲设施

统筹规划设置儿童和老年人活动中心、图书室、文化广场、宣传栏（屏）等文化休闲设施，结合小区人口结构和数量确定规模。文化休闲设施应综合使用，统筹考虑不同时间段、不同人群的使用需求，宜与社区党群服务中心、社区服务用房等联合使用。有条件的小区可新建文化休闲设施及增设体育活动室、户外活动场地与器材等体育健身设施，应维修、更换破损的体育健身设施，确保安全使用，可结合公共绿地统筹设置，提高公共空间使用效率。体育健身设施应合理选址、科学布局，可通过绿化等措施进行隔离，减少对周边居民的影响，应设置护栏、柔软地垫、警示牌等安全设施，满足老年人、儿童和残疾人等群体的需求。

11. 物业用房

无物业用房或原有物业用房不满足实际需求的，应结合小区实际情况，因地制宜地合理配置物业用房。可通过改建、扩建小区闲置房屋方式改造提升或利用小区空闲地、拆违拆临腾挪用地新建物业用房。

12. 公共卫生间

根据小区实际情况新建或改建公共卫生间，宜结合物业用房等公共设施统筹建设，对外开放，兼顾使用。公共卫生间内应有明显的指示牌，应采用节水器具和机械排风装置，内部照度不足时应增加人工照明。

13. 通用标识系统

完善小区服务管理的标识系统。在小区出入口处宜增设总平面示意图、房屋引导牌、道路引导指示牌、安全警示牌、楼栋号牌等标识。小区、单元、门牌等相关标识宜结合小区整体改造和提升。在满足功能要求的基础上，做到简洁美观、与整体风貌相协调，并具有一定辨识度与文化特征。宜采用适宜的色彩、提示性照明、连贯性导向，以及特殊标志标识等措施，增强小区不同类型公共空间、建筑的可识别性和适老性（图4-11）。

4.4.3 提升类改造设计要点

提升类改造为丰富社区服务供给，提升居民生活品质，主要是对小区及周边公共服务配套设施进行智慧化改造。应结合现行的国家标准《城市居住区规划设计标准》GB 50108中关于生活圈居住区的规定，以及完整社区、补短

西南街社区地图导览　　　　　　　　　　抚琴街道地图导览

图 4-11　抚琴街道地图导览系统

板行动的要求开展改造设计工作。

1. 综合服务设施

　　社区综合服务设施的建设宜规模适度、配置合理、功能多元、经济实用，具备组织开展社区居民自治、向居民提供基本公共服务的功能。结合社区实际，通过新建、改建或扩建方式，增设社区综合服务设施，设置社区服务中心、警务室、社区居委会办公室、居民活动用房、阅览室、党群活动中心等，满足社区管理服务需求。社区综合服务设施的建设规模以社区常住人口数量为基本依据，宜设置在交通便利、方便居民出入、便于服务辖区居民的地段，并符合无障碍要求，宜安排在建筑首层，有独立出入口，与社区食堂、社区公共卫生设施、养老托育设施、家政服务网点等统筹建设，发挥社区综合服务效益。党群活动中心主要包括便民服务大厅、党建展示区、党员办公室、党员活动室、多功能会议室、文化活动室等，宜与社区居委会办公室、阅览室等联合建设（图 4-12）。

2. 教育设施

　　结合完整居住社区要求，科学规划，合理布局，统筹设置幼儿园等教育设施。

社区工作室　　　　　　　　　　　文化活动室

图 4-12　老旧小区综合服务设施建设

幼儿园选址根据实际条件选择在自然条件良好、交通便利、阳光充足、便于接送的地段。综合考虑 3～6 岁适龄儿童人口与居民需求，提供普惠性学前教育服务。配套不全的居住社区可通过补建、改建或就近新建、置换、购置等方式予以解决。

3. 公共卫生设施

老旧小区改造宜按照完整居住社区要求，健全医疗卫生、卫生防疫等设施，同时应充分利用现有卫生资源，避免重复建设或过于集中。公共卫生设施布局应满足规模适宜、功能适用、装备适度、经济合理、安全卫生的基本要求。社区卫生服务中心难以覆盖的小区，可结合需求适当增设社区卫生服务站。社区卫生服务站可以结合社区服务中心综合布局，也可利用存量空间独立布局，应满足门诊医疗、康复保健、便民取药、居民体检等服务需求。有条件的小区可与三级医院合作建立医联体，提供远程诊疗、双向转诊等服务。卫生防疫服务设施立足可操作性、实用性，以及安全性。另外，还应有突发事件应急预案。

4. 智能感知设施

有条件的老旧小区应充分应用现代信息技术整合小区资源，考虑小区居民的年龄结构、生活特点、实际需求等，按照前瞻性、可操作性、可扩展性的原则建设智能感知设施，提升小区住户的安全性、便利性。有条件的小区可在小区周界围墙、栅栏、与外界相通的水域、易攀爬管道等部位安装防护检测装置（如红外收发器、振动传感器、接近感应线等），实施对小区的周界管理保护。鼓励综合利用互联网、移动终端、视频监控等信息化手段，对小区人员、车辆、建筑、设备等进行数字化管理。鼓励小区建立公共设备日常维护管理信息平台。可通过公共服务平台电子屏幕、手机客户端等智能化管理，为居民提供更好的资讯、通知、物业等便民服务，满足居民资源共享、邻里互助、公共服务等需求。老年人主要活动空间应设置紧急求助报警装置。鼓励将居家适老化改造与康养护医一体化智慧照料相结合，发展社区"互联网＋医疗健康"模式。运用大数据和互联网，提升小区风险评估、监测预警和信息服务等功能。

5. 专项服务设施

1）社区食堂

根据小区实际统筹设置社区食堂，为小区居民特别是老年人提供助餐服务。对于条件有限的小区，可与周边小区共享厨房或共享饭堂。可结合现状食堂改造提升现有社区食堂，条件有限的小区可结合社区服务中心设置社区助餐服务点，提供集中配餐、送餐入户等模式，为社区居民提供多样化服务。社区食堂应设置在老年人口相对密集、方便老年人出行的地上一层或二层。应满足无障碍设计要求，配备消防及应急用品，做好安防和消防措施。

2）便民商业设施

结合完整居住社区规划满足居民基本购物需求设置便民商业设施。提供蔬菜、水果、生鲜、日常生活用品等销售服务。受条件约束的社区可建设小型便利店提供相应服务。便民商业设施以不影响市容、不影响交通、不污染环境、方便市民生活为前提，解决已有市场占道摆摊现象，规范经营。经批准设置的便民商业设施明确标识，统一挂牌划线，在指定区域范围内按要求经营。

3）养老服务设施

老旧小区改造应充分考虑社区养老需求，可结合完整居住社区要求健全养老服务设施，主要提供居家日间生活辅助照料、助餐、保健、文化娱乐等服务，可与社区综合服务中心统筹建设老年服务站。具备条件的居住社区可独立建设老年人日间照料中心。老年服务站及老年人日间照料中心宜临近公共卫生设施或医疗机构等公共服务设施。养老服务设施宜在建筑底层，相对独立，并有独立出入口，宜靠近广场、公园、绿地等公共活动空间，有条件的宜为老年人提供健身和休闲的娱乐活动场地。鼓励小区闲置用房、架空层等存量用房改造，引入专业化、连锁化养老服务机构。

4）托育设施

结合完整居住社区要求为 0～3 岁婴幼儿提供安全可靠的托育服务。可结合社区综合服务设施、住宅楼、企事业单位办公楼等建设托儿所等婴幼儿照护服务设施。鼓励通过购置、置换、租赁闲置房屋，引入专业化、连锁化托育机构。

5）快递末端综合服务点

按完整居住社区要求提供邮件快件收寄、投递服务，因地制宜建设快递驿站等快递末端综合服务点。快递末端综合服务点或自提柜等设施可配置在社区与外部城市道路连通处，方便快递配送和社区居民取件。条件具备的社区宜配置"无接触式配送"接收设施，保障卫生安全。

本章参考文献

[1] 国务院办公厅 . 国务院办公厅关于全面推进城镇老旧小区改造工作的指导意见：国办发〔2020〕23 号 [EB]. 中国政府网，（2020-07-10）[2020-07-20].

[2] 阳建强 . 公共健康与安全视角下的老旧小区改造 [J]. 北京规划建设，2020(2): 36-39.

[3] 李桂媛，陈静，余菲菲 . 基于人居环境科学视角下的美好城市探析 [J]. 规划师，2010, 26(8): 23-26+30.

[4] 刘华彬 . 广州住区公共休憩活动空间研究 [D]. 广州：华南理工大学，2013.

[5] 乔丹惠 . 全龄友好理念下既有住区外部空间更新研究——以天津体院北居住区为例 [D]. 天津：河北工业大学，2022.

[6] 刘明喆 . 创建可持续的绿色社区 [N]. 中国建设报，2021-10-28(06 版).

[7] 周向红，诸大建 . 现阶段我国健康城市建设的战略思考和路径设计 [J]. 上海城市规划，2006(6): 12-15.

[8] Sullivan W.C, Kuo F.E, Depooter S.F. The Fruit of Urban Nature Vital Neighborhood Spaces[J].Environment & Behavior, 2015, 36(5): 678-700.

[9] 吕飞，杨静，戴铜 . 健康促进的居住外环境再生之路——对城市老旧住区外环境改造的思考 [J]. 城市发展研究，2018, 25(4): 141-146.

[10] 毛佩瑾，李春艳 . 新时代智慧社区建设：发展脉络、现实困境与优化路径 [J]. 东南学术，2023(3):138-151.

[11] 唐劼，鲍家旺，黄怡 . 空间治理视角下的智慧社区更新改造探索——以上海市普陀区长寿路街道为例 [J]. 住宅科技，2022, 42(12): 24-29.

[12] Liu Z. Numerical Simulation Study of Microclimate in Urban Old Residential Transformation Area Based on Envi-met Software[J]. Feb-fresenius Environmental Bulletin, 2022: 11297.

[13] 良有方 . 老旧小区"雨污分流"，到底解决些什么问题？[EB]. 良有方微信公众号，2020-07-18.

[14] 郑艳茹 . 超高层建筑配变电所设置 [J]. 建筑电气，2016（12）: 20-24.

[15] 霍振星，栗晓华，王娜，等 . 缩短用户充电桩报装处理时间[J]. 农田管理，2023（2）: 50-52.

[16] 王海新，王岩 . 某老旧片区改造工程电气系统设计 [J]. 低温建筑技术，2022, 44（3）: 31-34.

[17] 山东省建筑设计研究院有限公司，等 . 山东省城镇老旧小区改造技术导则（试行）: JD14-051-2020[S]. 济南：山东省住房和城乡建设厅，2020-07-09.

[18] 中华人民共和国住房和城乡建设部, 中华人民共和国国家质量监督检验检疫总局 . 住宅区和住宅建筑内光纤到户通信设施工程设计规范： GB 50846—2012[S]. 北京：中国计划出版社，2013.

[19] 城镇供热 . 供热管网的几种敷设方式 [EB]. 城镇供热微信公众号，2023-03-07.

[20] 武汉市人民政府办公厅 . 市人民政府办公厅关于印发武汉市老旧小区改造三年行动
计划（2019—2021 年）的通知：武政办〔2019〕116 号 [EB]. 武汉市人民政府，
（2020-01-03）[2020-01-10].

第 5 章

实施专题：老旧小区改造建设运维

5.1 老旧小区改造建设与审批

5.1.1 建设审批流程

城市更新行动是"十四五"时期我国城市建设的重要方略，也是新常态下城市可持续发展的必由之路，城市更新体制的构建直接决定了城市更新行动的实施效果。城市更新体制机制的构建要素包括法规体系、行政体系、管理体系和实施体系。法规体系主要是支持城市更新工作的法律法规、标准、规范、政策等；行政体系是由专门化、层级完整的行政机构组成的，包括专业化主管部门、职能化的地方管理机构等；管理体系可以为城市更新工作提供管理工具，包括以更新规划为抓手的空间管控工具和以行政审批为抓手的过程监管工具；实施体系主要关注城市更新工作的行动和程序，包括更新行动计划和示范试点、标准化和规范化的实施操作流程等。[1] 城市更新审批体系的构建是城市更新多种机制相互影响和作用的结果，全国各省市在推进城市更新的过程中，根据不同地区基层环境，以及政策条件等差异，各自形成的审批流程互有差异但包含共性。[2] 选取广州市、深圳市、上海市、天津市为典型城市，明确城市更新及老旧小区改造项目审批流程的共性，以及差异性，以期为全国实施城市更新行动提供参考。

1. 广州市

广州市的城市更新工作一直走在全国前列，不仅形成了包含改造规划、用地处理、资金筹措、权益保障、监督管理等在内的全流程政策框架，而且在产业导入、空间活化、功能修补、生态修复、社会参与等方面，形成了诸多具有前瞻性和示范性的理念和举措，城市更新工作已然进入法制化、规范化和常态化轨道。[3] 作为在城市更新方面起步较早的城市，广州市的规章制定与审批流程给许多城市提供了可参考、可复制的流程体系[4]（图5-1）。

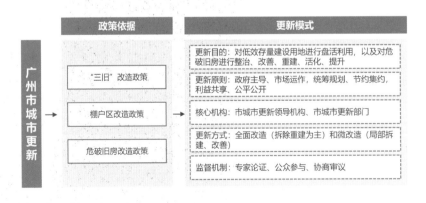

图5-1 广州市城市更新政策依据与更新模式

根据《广州市城市更新办法》（广州市人民政府令第 134 号），[5] 城市更新是指由政府部门、土地权属人或者其他符合规定的主体，按照"三旧"改造政策、棚户区改造政策、危破旧房改造政策等，在城市更新规划范围内，对低效存量建设用地进行盘活利用，以及对危破旧房进行整治、改善、重建、活化、提升的活动。城市更新可以由市政府工作部门或区政府及其部门作为主体，也可以由单个土地权属人作为主体，或多个土地权属人联合作为主体，综合运用政府征收、与权属人协商收购、权属人自行改造等多种改造模式。城市更新也可以通过市场运作进行，这种情况下需要选取与更新规模、项目定位相适应，有资金实力、开发经验和社会责任感的企业。

1）城市更新责任主体

在审批流程的制定中，由市政府成立城市更新领导机构，负责审议城市更新重大政策措施，审定城市更新规划、计划和城市更新资金使用安排，审定城市更新片区策划方案及更新项目实施方案。

在市级层面，广州市设立市级城市更新部门作为城市更新工作的主管部门，负责全市低效存量建设用地的盘活利用和城市危破旧房的更新盘活，统筹协调全市城市更新工作。城市更新部门的工作贯穿城市更新工作的全流程：拟订城市更新政策、规划，组织编制城市更新项目计划和资金安排使用计划；指导和组织编制城市更新片区策划方案，审核城市更新项目实施方案；通过多渠道筹集资金，运用征收和协商收购等多种方式，组织城市更新范围内的土地整合归宗，土地整备，推进成片连片更新改造，以及统筹城市更新政府安置房的管理和复建安置资金监管，对城市更新项目实施进行监督和考评。其余各市级相关主管部门则负责在各自法定职责范围内办理城市更新项目的行政审批，协同级市城市更新部门进行工作。在工作职能上，《广州市城市更新办法》（广州市人民政府令第 134 号）规定市级城市更新部门应当建立常态的基础数据调查制度，组织指导各区政府开展城市更新片区的土地、房屋、人口、规划、文化遗存等现状基础数据的调查工作，建立城市更新数据库，并定期更新。市国土规划、住房城乡建设、房屋地籍等行政管理部门需要同市级城市更新部门建立数据共享和交换机制，提升城市更新行动的实施效率。

在区级层面，各区政府是城市更新工作的第一责任主体，负责统筹推进本辖区内的城市更新工作，组织城市更新基础数据调查，组织本辖区城市更新改造计划和相关方案编制，依法组织开展拆迁安置、建设管理等工作，维护社会稳定。广州市设立区城市更新部门，以组织各区辖区内的城市更新具体实施工作。街镇办事处、镇政府，以及社区居委会、村委会是城市更新工作的基层组织，负责配合区政府做好城市更新相关工作，维护城市更新活动的正常秩序。同时，广州市提出建立专家委员会制度和公众参与机制，以提升项目实施的科学性、可靠性，以及公众对城市更新工作的认可度。这种多方参与的机制在推进国家治理体系与治理能力现代化的背景下，是大势所趋，也是民心所向。

2）城市更新实施路径

广州市城市更新由宏观到微观分为四个层级：专项规划——策划方案——年度计划——实施方案，[6] 如图 5-2 所示。

（1）专项规划

在各省市的城市更新流程制订中，专项规划都是首要工作，在宏观层面把握着城市更新工作的进程与发展。广州市由市级城市更新部门组织编制城市更新中长期规划，编制后报广州市城市更新领导机构进行审定。城市更新中长期规划的编制要符合国民经济和社会发展总体规划、城乡总体规划和土地利用总体规划。在内容上，城市更新中长期规划需要明确指出中长期城市更新的指导思想、目标、策略和措施，提出城市更新规模和更新重点。编制完成后，市级城市更新部门需要协同了解各区情况的区政府依据城市更新中长期规划，结合城市发展战略，划定城市更新片区，一个城市更新片区可以包括一个或者多个城市更新项目。纳入城市更新片区实施计划的区域，需要编制片区策划方案。

（2）策划方案

片区策划方案在经由市级城市更新部门和各区政府编制后，需要按程序进

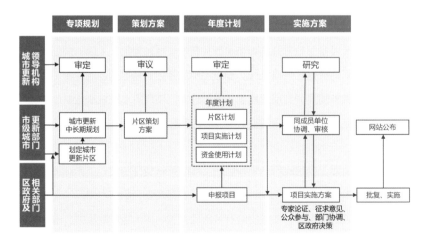

图 5-2　广州市城市更新审批流程示意图

行公示、征求意见和组织专家论证，之后再由市级城市更新部门提交广州市城市更新领导机构审议。审定后，涉及调整控制性详细规划的，由市级城市更新部门或区政府依据城市更新片区策划方案编制控制性详细规划调整论证报告，提出规划方案意见，申请调整控制性详细规划，报市规划委员会办公室提交市规划委员会审议并经市政府批准。

（3）年度计划

在编制年度计划这一环节，仍旧需要市级城市更新部门与区政府的分工合作。其中市级城市更新部门结合城市更新片区策划方案，组织编制城市更新年度计划，年度计划包括片区计划、项目实施计划和资金使用计划。市政府各部门及直属企事业单位、各区政府、土地权属人于每年 6 月底前向市级城市更新部门申报下年度城市更新年度计划的项目。市级城市更新部门对申报项目进行统筹、协调，经征求国土规划、住房城乡建设、发展改革和财政等部门意见后，拟订年度城市更新项目计划，报广州市城市更新领导机构审定；所需资金纳入年度固定资产投资计划，并按发展改革部门投资立项所确定的资金来源予以安排，其中属于财政投资项目的，还需纳入同级财政年度预算。城市更新年度计划可以结合推进更新项目实施情况报广州市城市更新领导机构进行定期调整。当年计划未能完成的，可在下一个年度继续实施。

（4）实施方案

纳入城市更新年度计划的项目，由区政府组织编制城市更新项目实施方案。编制城市更新项目实施方案要求符合更新片区策划方案，以及城市更新项目实施方案编制的技术规范。方案经专家论证、征求意见、公众参与、部门协调、区政府决策等程序后，形成项目实施方案草案及其相关说明，由区政府上报市级城市更新部门协调、审核。市级城市更新部门牵头会同广州市城市更新领导机构成员单位，召开城市更新项目协调会议对项目实施方案进行审议，提出审议意见。协调会议重点审议的内容包括项目实施方案中的融资地价、改造方式、供地方式以及建设时序等。涉及城市更新项目重大复杂事项的，经协调会议研究后，报广州市城市更新领导机构研究。城市更新项目实施方案经审议、协调、论证成熟的，由市级城市更新部门向属地区政府书面反馈审核意见。区政府按照审核意见修改完善项目实施方案。在完善后，区级城市更新部门要按规定完成涉及表决、公示事项的步骤，再由区政府送市级城市更新部门审议。

审议通过后，市级城市更新部门办理项目实施方案批复并在市级城市更新部门工作网站上公布。由各区政务服务中心设立的统一窗口，按照"前台综合受理，后台分类审批，统一窗口出件"的原则，集中受理立项、规划、国土等行政审批申请并批复。市级城市更新部门通过建立审批服务制度，建立申请主体和审核部门的协调反馈机制，督办手续办理进展，协调项目推进中遇到的问题。各主管部门按照广州市城市更新领导机构议定事项和城市更新项目实施方案的批复，办理后续行政审批手续，并按照广州市建设工程项目优化审批流程的有关方案实行并联审批，限时办结，不重复审核。城市更新改造项目符合重点项目绿色通道审批规定的，通过纳入绿色通道进行审批手续办理。市级城市更新部门通过建立审批服务制度，建立申请主体和审核部门的协调反馈机制，督办手续办理进展，协调项目推进中遇到的问题。

3）审批框架特征分析

广州市城市更新责任主体结构为市级、区级以及街镇级等三个层级，这种层级的划分方式在全国各地被广泛采用。从宏观的中长期规划到微观的项目落实，城市更新的流程共分为专项规划——策划方案——年度计划——实施方案四个阶段。各阶段要经历公示、征求意见和组织专家论证等流程，以确保规划、方案、计划等的科学性与合理性。

在宏观层面，首先对中长期规划进行编制，为城市更新设立了整体框架，保障城市更新项目在长远发展中能得到有效落实。根据中长期规划划定更新片区，区政府成为该片区城市更新项目的第一负责主体，统筹编制片区内的项目实施方案，并且通过编制年度计划，使得广州市的城市更新项目可以有计划、有规划地顺利落实。

在中微观层面，面对审批流程复杂、涉及部门较多的问题，广州市通过建立城市更新数据库解决多部门之间的数据共享和交换问题，使各部门能更好地协同工作。对于城市更新项目的申请主体，广州市要求各区政务服务中心设立统一窗口，按照"前台综合受理，后台分类审批，统一窗口出件"的原则，集中受理立项、规划、国土等行政审批申请并批复，极大地改善了主体进行项目审批的体验，并且通过审批服务制度的建设，使得申请主体反馈的问题得到及时解决，促进手续办理程序顺利完成。

此外，广州市着重提出建立专家委员会制度和公众参与机制，通过社会各方的协同努力使得城市更新的成果能真正地惠及民生，无论是宏观层面的中长期规划还是微观层面的项目实施方案，都需要经过多个主体的反复讨论和审议，确保项目的科学性和严谨性能得到顺利落实。

2. 深圳市

深圳市在全国率先对"城市更新"模式进行探索，先后出台了一系列城市更新的改革举措，取得了显著的成绩，一度成为全省乃至全国的典范。[7] 但随着城市更新的推进，原有规章制度存在的诸多问题日益成为制约城市更新的深层障碍，在这样的背景下，深圳市制定了《深圳经济特区城市更新条例》（以下简称为《深圳条例》），[8] 提升了城市更新法规的效力层级，推动城市更新工作向纵深发展（图 5-3）。

在《深圳条例》中明确了城市更新的一般程序，深圳市与广州市都采取了单元 / 片区的形式作为推进城市更新规划和项目实施的工具，深圳市城市更新单元是城市更新实施的基本单位，一个城市更新单元可以包括一个或者多个城市更新项目。城市更新单元的划定需要根据有关技术规范，综合考虑原有的城市基础设施和公共服务设施情况、自然环境，以及产权边界等因素，保证城市基础设施和公共服务设施相对完整，并且相对成片连片。深圳市的城市更新项目由物业权利人、具有房地产开发资质的企业（即市场主体）或者市、区人民政府组织实施，这些主体在符合规定的情况下也可以合作实施。

1）城市更新责任主体

深圳市由市人民政府负责统筹全市城市更新工作，研究决定城市更新工作涉及的重大事项。在市、区两级设立了独立的城市更新管理部门，使管理权限下沉至区级，给了区级政府较大的自主权。在市级层面，城市更新部门负责组织、协调、指导、监督全市城市更新工作，拟订城市更新政策，组织编制全市城市

图 5-3　深圳城市更新实施路径与
更新模式

更新专项规划、年度计划，制定相关规范和标准。市级相关部门则在各自职责范围内负责城市更新相关工作。在区级层面，各区人民政府（含新区管委会）负责统筹推进本辖区城市更新工作。区城市更新部门负责本辖区城市更新组织实施和统筹管理工作，区人民政府相关部门在各自职责范围内负责城市更新相关工作。在街道级层面，街道办事处负责配合区城市更新部门做好城市更新相关工作，维护城市更新活动正常秩序。

2）城市更新实施路径

深圳市城市更新规划体系由宏观到微观分为专项规划——单元计划——单元规划三个层级（图5-4）。

（1）城市更新专项规划

在专项规划层级中，深圳市城市更新部门按照全市国土空间总体规划组织编制全市城市更新专项规划，确定规划期内城市更新的总体目标和发展策略，明确分区管控、城市基础设施和公共服务设施建设、实施时序等任务和要求。城市更新专项规划经市人民政府批准后实施，作为城市更新单元划定、城市更新单元计划制定和城市更新单元规划编制的重要依据。

（2）城市更新单元计划

深圳市城市更新单元实行计划管理，城市更新单元计划的制定依照城市更新专项规划和法定图则等法定规划，其内容包括更新范围、申报主体、物业权

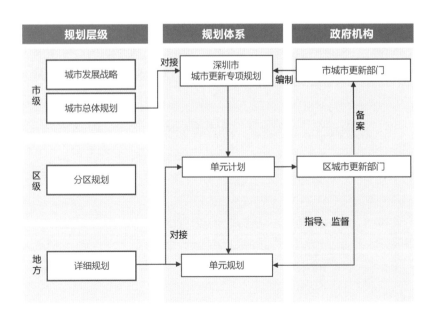

图5-4　深圳市城市更新规划体系

利人更新意愿、更新方向和公共用地等。其中，更新方向按照法定图则等法定规划的用地主导功能确定。综合整治类城市更新项目在部分情况下可以不申报城市更新单元计划。

城市更新单元计划申报主体在申报之前，要先组织开展更新改造现状调研、城市更新单元拟订、意愿征集、可行性分析等一系列工作，确保单元计划申报的科学性，并且申报需要单元内物业权利人更新意愿、合法用地比例、建筑物建成年限等符合规定要求。单元计划草案由区城市更新部门进行审查，审查通过后报区人民政府审批，在批准后由区城市更新部门向社会公告该单元计划，并且向市级城市更新部门备案，此外，政府部门还建立了纳入、退出双向调整计划，以保证城市更新项目的完成效果。

（3）城市更新单元规划

城市更新单元规划是深圳市其城市更新项目实施的规划依据，根据城市更新单元计划、有关技术规范并结合法定图则等各项控制要求进行编制。深圳市的城市更新单元规划编制由市、区两个层级的城市更新部门指导、监督，以确保社会公共利益的实现。

城市更新单元规划草案由城市更新单元计划申报主体委托具有相应资质的机构编制，报区城市更新部门审查。区人民政府可以根据需要确定重点城市更新单元，实施差别化城市更新策略。重点城市更新单元的计划和规划经市级城市更新部门审查后，由区人民政府提请市人民政府批准。由于城市更新的特殊性，单元规划可能会同法定图则等内容存在冲突，在草案符合法定图则强制性内容时，区人民政府可直接批准；在需要对法定图则强制性内容进行调整或者相关地块未制定法定图则的情况下，则需报市人民政府或者市人民政府授权的机构批准。因此，城市更新单元规划经批准后可视为已完成法定图则相应内容的修改或者编制。在单元规划审查通过后，区城市更新部门将草案向社会公示。

（4）城市更新实施方式

深圳市的城市更新实施主要分为拆除重建类城市更新和综合整治类城市更新两种类型。

拆除重建类城市更新指通过综合整治方式，很难对目标区域中存在的问题进行改善或消除，因此，需要将原有的所有或大部分建筑物都拆除，并根据规划进行重新建设的活动。深圳市拆除重建类城市更新单元占该市拆除规模30% 以上，而且这些更新单元已经落实了大量公益性设施。在深圳市拆除重建类城市更新单元工作中，相关部门通过采用明确公共利益的保障水准、区别差异化产权条件的利益分配规则、同步调控开发强度和地价计收，同步使用规划管控、经济措施、产权配置、行政措施等多种手段，对城市更新中产生的经济利益进行了合理调控。拆除重建类城市更新最重要的问题是拆迁补偿问题，并且有资源消耗多，对居民生活环境影响大的特点。对更新项目进行拆迁补偿时，补偿的方式一般为产权置换、货币补偿或者两者结合，这一步在实际工作中面临利益纠纷，相对复杂，此时相关市场主体和业主可以向区人民政府申请调解，或政府召集当事人进行调解。《深圳条例》规定了为了维护和增进社会公共利益，区人民政府也可以依照相关法律及条例对未签约部分房屋征收，这一举措大大地增强了政府在更新中的权能，使其能更深度参与其中，为维护社会公众利益提供了强制力保证。

拆除重建类城市更新项目往往涉及多个相关主体，因此，首先要明确实施主体，需要通过签订搬迁补偿协议、房地产作价入股或者房地产收购等方式将房地产相关权益转移到同一主体，形成单一权利主体。而城中村拆除重建类城市更新项目中，原业主可以与单一市场主体合作实施，也可以自行实施，补偿协议签订完成后，市场主体将其报区城市更新部门备案。此外，在更新过程中，深圳市将大量的审批权力下放至区级，区级承担了更多的统筹协调责任且拥有更大的自主性，区城市更新部门承担了大量职责，既需将备案信息推送至同级和上级部门，也需要同申报主体进行对接，核实更新意愿，组织制定搬迁补偿指导方案和公开选择市场主体方案。

综合整治类城市更新是指在维持现状建设格局基本不变的前提下，采取修缮、加建、改建、扩建、局部拆建或者改变功能等一种或者多种措施，对建成区进行重新完善的活动。例如对配套设施不完善或者建筑和设施建设标准较低的旧住宅区和旧商业区采取整饰建筑外观、加建电梯、设置连廊、增设停车位等措施实施城市更新，以及对旧工业区采取融合加建、改建、扩建、局部拆建等方式实施城市更新。综合整治类城市更新应当满足所在区域未被列入土地整备计划、拆除重建类城市更新单元计划的条件，并且此类更新的实施不能影响原有建筑物主体结构安全和消防安全，原则上也不能改变土地规划用途，市级城市更新部门负责组织划定城中村综合整治分区范围，范围内的城中村不能开展以拆除重建为主的城市更新活动，城中村内的现状居住片区和商业区，可以由区人民政府组织开展综合整治类城市更新活动。

3）审批框架特征分析

在城市更新工作中，深圳市政府主要负责制定政策、编制计划、审批规划，主要起引导作用，并且实行"强区放权"，成立了市、区两级的城市更新部门，由区级进行统筹协作，增加了各区进行城市更新自主性，提高了审批效率。在开发主体的选取中，采取了通过市场机制确定，政府不主动介入的方式，城市更新项目既可由原业主自行实施，也可由市场主体在原业主的委托下实施，亦可两者共同参与更新过程。这种"政府引导，市场运作"的方式为市场力量进入城市提供了路径，充分发挥了市场在土地资源配置方面的决定性作用。此外，市场参与主体还可根据城市更新工作的需求来编制城市更新改造规划、协调各方利益等。

在城市更新的实施中，更新单元成为深圳开展城市更新工作的路径。城市更新单元规划作为新时期城市更新工作的治理方式，代表了政府、业主和开发主体的共同利益，以更新单元规划为实施依据，从确定更新规划要求、协调各方利益、落实更新目标等方面有效提升了深圳市更新工作效率。深圳市作为经济特区，同时也是中国最有经济活力的地区之一，其在政策制定、特区立法、资源调配、项目实施等方面都具有极大的自主性，部分做法措施可能难以在其他地区复制，但为国内城市更新政策体系，以及审批架构的建立提供了新的视角与思路。

3. 上海市

2021 年 8 月 25 日，已由上海市第十五届人民代表大会常务委员会第三十四次会议审议通过了《上海市城市更新条例》（以下简称《上海条例》），并于 2021 年 9 月 1 日起正式施行。在《上海条例》[9] 中详细规定了城市更新各部门和组织的职能，同时规定建立健全城市更新公众参与机制。此外，为了建立全生命周期管理的城市更新模式，上海市还依托"一网通办""一网统管"平台，建立了全市统一的城市更新信息系统，城市更新指引、更新行动计划、更新方案及城市更新有关技术标准和政策措施等同步通过城市更新信息系统向社会公布（图 5-5）。

1）城市更新责任主体

《上海条例》中详细规定了上海市各级政府，以及部门的职责，即由市人

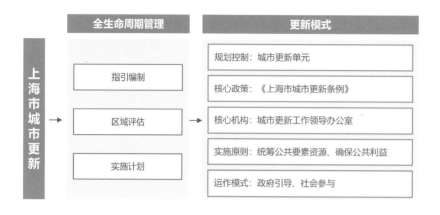

图5-5 上海市城市更新全生命周期管理与更新模式

民政府负责上海市城市更新工作，并建立城市更新协调推进机制，统筹协调全市城市更新工作，并研究和审议城市更新相关重大事项，办公室设在市住房城乡建设管理部门，由市住房城乡建设管理部门具体负责日常工作；市级各相关部门主要负责根据相关发展规划，承担协调和指导职能，统筹协调推进城市更新相关工作的开展；规划资源部门负责组织编制城市更新指引，按照职责推进产业、商业商办、市政基础设施和公共服务设施等城市更新相关工作，并承担城市更新有关规划、土地管理职责；住房城乡建设管理部门按照职责推进旧区改造、旧住房更新、"城中村"改造等城市更新相关工作，并承担城市更新项目的建设管理职责；经济信息化部门负责根据本市产业发展规划，协调和指导重点产业发展区域的城市更新相关工作；商务部门负责根据本市商业发展规划，协调和指导重点商业商办设施的城市更新相关工作；发展改革、房屋管理、交通、生态环境、绿化市容、水务、文化旅游、应急管理、民防、财政、科技、民政等其他有关部门在各自职责范围内，协同开展城市更新相关工作。

在市级层面上，由市规划资源部门会同各市级相关部门编制上海市城市更新指引，报市人民政府审定。编制城市更新指引过程中，引入专家委员会和社会公众的意见以提升该指引的科学性。在区级层面上，区人民政府则是推进辖区内城市更新工作的主体，负责组织、协调和管理辖区内城市更新工作。街道办事处、镇人民政府承担城市更新的基层工作。此外，上海市专门设立了城市更新中心，负责参与相关规划编制、政策制定、旧区改造、旧住房更新、产业转型，以及承担市、区人民政府确定的其他城市更新相关工作，并通过成立城市更新专家委员会，使其开展城市更新有关活动的评审和论证等工作，为市、区人民政府的城市更新决策提供咨询意见。专家委员会由规划、房屋、土地、产业、建筑、交通、生态环境、城市安全、文史、社会、经济和法律等方面的人士组成。

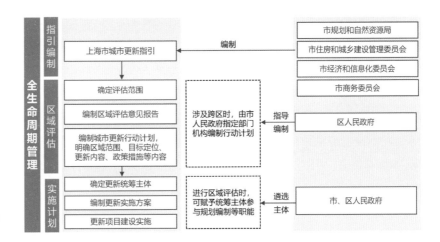

图 5-6　上海市城市更新实施路径示意图

2）城市更新实施路径

上海市城市更新通过全生命周期管理统筹，总体分为指引编制、区域评估与实施计划。其中，上海市城市更新指引编制工作由市规划资源部门会同各市级相关部门编制主导；区域评估相关工作由区人民政府主导；实施计划相关工作由市、区人民政府遴选统筹主体推动计划的执行和实施（图 5-6）。

（1）区域评估

区域评估属于城市更新活动的实施工作，由区人民政府根据城市更新指引，结合辖区内实际情况和开展的城市体检评估报告意见建议，对需实施更新的区域编制更新行动计划。在涉及更新区域跨区的情况时，由市人民政府指定的部门或者机构编制更新行动计划，以统筹不同区域协作推进城市更新活动。编制计划在确定更新区域时，需要优先考虑居住环境差、市政基础设施和公共服务设施薄弱、存在重大安全隐患、历史风貌整体提升需求强烈，以及现有土地用途、建筑物使用功能、产业结构不适应经济社会发展等区域。编制计划的主体在编制过程中需要引入专家论证与公众参与机制，行动计划需做到明确区域范围、目标定位、更新内容、统筹主体要求、时序安排、政策措施等内容。行动计划在经专家委员会评审后，由编制部门报市人民政府审定后，向社会公布，编制部门还负责做好新行动计划的解读和咨询等工作。

（2）实施计划

上海市城市更新实施具体包括确定更新统筹主体、编制更新方案、更新项目建设、房屋征收与补偿等方面。

在确定更新统筹主体方面，上海市建立了更新统筹主体遴选机制。市、区人民政府按照公开、公平、公正的原则组织遴选，确定与区域范围内城市更新活动相适应的市场主体作为更新统筹主体。更新统筹主体遴选机制由市人民政府另行制定。属于历史风貌保护、产业园区转型升级、市政基础设施整体提升等情形的，市、区人民政府也可以指定更新统筹主体。更新区域内的城市更新活动需要由更新统筹主体统筹开展，在物业权利人实施的情况下，也由更新统筹主体统筹组织。物业权利人有更新意愿的零星更新项目，可以由物业权利人实施。这种情况下可以采取与市场主体合作方式。

在更新方案的编制方面，更新区域内的城市更新活动，由更新统筹主体负责。区域更新方案即由更新统筹主体负责编制，除此以外，更新统筹主体也需负责推动达成区域更新意愿、整合市场资源、推进更新项目实施等职能。市、区人民政府根据区域情况和更新需要，可以赋予更新统筹主体参与规划编制、实施土地前期准备、配合土地供应、统筹整体利益等职能。更新统筹主体在完成区域现状调查、区域更新意愿征询、市场资源整合等工作后，编制区域更新方案。区域更新方案主要包括规划实施方案、项目组合开发、土地供应方案、资金统筹，以及市政基础设施、公共服务设施建设、管理、运营要求等内容。编制的规划实施方案要在统筹公共要素资源、确保公共利益等的原则下，按照相关规划和规定，开展城市设计，并根据区域目标定位，进行相关专题研究。在这个过程中，更新统筹主体需要同区域范围内相关物业权利人进行充分协商，并征询市、区相关部门，以及专家委员会、利害关系人的意见。同时市、区相关部门也要加强对更新统筹主体编制区域更新方案的指导。更新统筹主体将区域更新方案报所在区人民政府或者市规划资源部门，区人民政府或者市规划资源部门对区域更新方案进行论证后予以认定，并向社会公布。

在更新项目建设方面，上海市由更新统筹主体根据区域更新方案，进行组织开展产权归集、土地前期准备等工作，配合完成规划优化和更新项目土地供应等，在区域更新方案经认定后，更新项目建设单位按照审批程序依法办理立项、土地、规划、建设等手续，为进一步优化审批流程。《上海条例》规定，区域更新方案包含相关审批内容且符合要求的，相关部门需要按照"放管服"改革及优化营商环境的要求，进一步简化审批材料、缩减审批时限，以及优化审批环节，提高审批效能。

在房屋征收与补偿方面，上海市赋予了区人民政府更大的行政权力，采取拆除重建方案进行更新的公有旧住房需要经过房屋管理部门的评估，这类住房一般存在建筑结构差、年久失修、功能不全、存在安全隐患且无修缮价值等情况，房屋的征收补偿方案由区政府在征求被征收人的意愿后加以论证，方案通过后由区政府给予补偿，被征收人在协议期内搬迁撤离。在面对公房承租人不配合重建、成套改造的情况时，公房产权单位可以向区人民政府申请调解；调解不成的，为了维护公共利益，区人民政府可以依法作出决定，保障了多方公共利益的达成。

4. 天津市

随着城市更新上升为国家战略高度，天津市出台了相应的城市更新政策法规，以保障城市更新项目高效有序推进。根据《天津市老旧房屋老旧小区改造提升和城市更新实施方案》，[10] 天津市城市更新在更新类别上分为老旧房屋改造提升（保护类、改建类、重建类）、老旧小区改造提升（基础类、完善类、提升类），以及城市更新三项。在区域上，天津市城市更新分为"津城"和"滨城"两个部分，"津滨双城"各有不同侧重点。"津城"着重于民生，以老旧社区改造为重点，历史文化保护和城市风貌塑造是特色重点，在规划的引领上是政府主导、国企为主；而"滨城"着重于产业，以产业升级为重点，改变传统模式，实施高质量建设，促进产业发展，强化创新功能培育，政策上是政府引导、社会资本为主（图5-7）。

1）城市更新责任主体

在具体实施城市更新过程中，天津市老旧房屋老旧小区改造提升和城市更

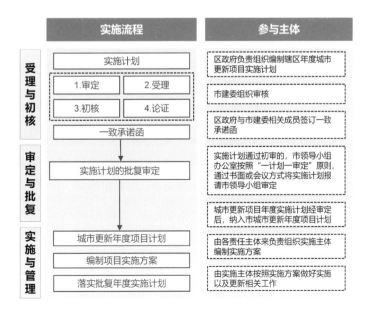

图 5-7　天津市城市更新实施流程
示意图

新工作领导小组是城市更新工作的主管机构，负责组织、协调、指导、监督全市城市更新工作，拟订城市更新政策，审查控规调整等工作。规划资源等部门负责依据国土空间总体规划等，指导各区编制更新改造规划和年度实施计划并按程序报批后实施。各区人民政府是本区各类更新改造工作的责任主体，负责组织实施主体会同区住房建设和规划资源等部门，按照规划及相关标准要求，因地制宜、量力而行，编制确定实施的更新改造规划，并按照相关更新改造规划，制定年度实施计划，分类有序组织实施。相较于深圳市将规划审批权力下放至区级的做法，天津市由市级单位负责审批各类更新改造规划，更新改造规划设计需要调整控制性详细规划、上位规划的，如专项规划、永久性保护生态区域、国土空间总体规划等，需要先行履行上位规划调整程序，涉及需要调整控制性详细规划的，需报送天津市老旧房屋老旧小区改造提升和城市更新工作领导小组审查。

2）城市更新实施

在审批流程架构方面，天津市的城市更新实施可分为拟定政策、编制规划、制定年度实施计划等多个层级。市级政府负责审批及政策制定，区人民政府作为第一责任主体，推进城市更新有序实施。在审批架构层面同广州市、深圳市、上海市等城市形成了高度的共性，但与此同时天津市作为直辖市，在城市更新制度建设方面也形成了自身的特色。在实施主体方面，天津市通过"政府引导，市场运作"的方式，主要以国有企业作为更新项目实施主体。实施主体负责城市更新改造项目投资、建设、运营等全生命周期管理工作，包括组织城市更新项目可行性研究，与融资机构论证融资方案，经论证可行后形成实施方案（含更新范围、建设内容、项目定位、资金筹措方案、补偿安置方式、建设方案、经济测算、运营方案等内容），随后根据"一事一批"原则，将实施方案报区人民政府审核同意后组织实施，此外，城市更新项目的公共停车场、充电桩、能源站等配套公共服务设施可以由实施主体负责运营。

在审批流程方面，天津市为加快审批速度，结合审批制度改革，构建更新改造项目快速审批流程，提高项目审批效率。审查更新改造方案采用联合审查的模式，由区人民政府组织有关部门联合进行，审查通过后由相关部门直接办理立项、用地、规划审批，涉及规划指标调整的，按照法定程序调整控制性详细规划。各区（滨海新区除外）控制性详细规划修改必要性论证的专题报告可与实施方案一并按程序报市人民政府审批。专题报告经市人民政府同意后，再由区人民政府会同市规划资源局履行控制性详细规划修改方案报审程序。

在土地权属、项目建设与验收等方面，天津市根据城市更新项目的特点在审批上进行简化，如：不涉及土地权属变化的项目，可用已有用地手续等材料作为土地证明文件，无需再办理用地手续；工程建设许可和施工许可合并办理，简化相关审批手续；不涉及建筑主体结构变动的低风险项目，实行项目建设单位告知承诺制的，可不进行施工图审查，由相关各方进行联合验收；建设项目不增加建筑规模、不改变规划性质、不过度调整建筑风格形式的，以及涉及既有住宅加装电梯的，免于办理建设工程规划许可证等。

5.1.2　典型城市经验总结

城市更新涉及民生建设、产业发展、区域协调等多层面工作，对政府部门之间的协同统筹工作提出了较高的要求。目前，各个城市之间在审批架构上存在较大的共性：在垂直管理架构上，分为市级、区县级、街镇级三级，分别承担宏观统筹、中观把控、微观实施的职能；在水平管理层面，同级政府需完成相应的规划制定、方案审核等类型的工作。

城市更新审批机制可归纳为统筹型、专业型、融合型三种类型。[11] ①统筹型以上海市、天津市为代表，是现阶段适用区域最广的形式，即在不改变现状行政体制基础上设置市级统筹协调机构（如城市更新工作领导小组），各相关市级行政部门、区县级政府根据职能分工各司其职、定期沟通；②专业型以深圳市为代表，即设立专业城市更新行政部门，如深圳市及各区的城市更新和土地储备局；③融合型是前两者的结合，以广州市为代表，即通过设立市级城市更新部门领导协调机构组织城市更新工作。另外，工作机制与各地现行管理层级密切相关，随着国家不断深化"放管服"改革，基层政府被赋予了更大权力，成为更多城市更新工作的责任主体（图5-8）。

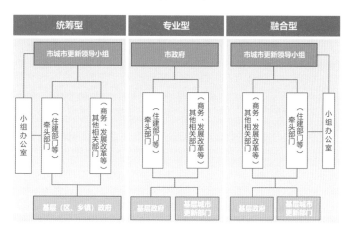

图5-8　城市更新工作的审批机构
类型划分
（图片来源：根据资料改编绘制[11]）

多部门协同工作时，难免会导致审批流程烦琐的情况。城市更新项目的收益率相对较低，在公众层面和政府层面推进流程相对复杂，市场主体对此类项目的积极性也较低。在"十四五"规划将城市更新行动上升到国家战略规划的大背景下，亟须解决的问题之一就是烦琐的审批流程。与此同时，任何一个组织都无法做到完全理性、全知全能，政府、市场、社会之间既存在紧密联系，又存在相互之间的信息壁垒。如何消除这些壁垒，提升架构构建与政策制定的合理性，是需要关注并解决的问题。而针对这些问题，深圳市提出了"强区放权"的解决方案。这是深圳市委、市政府为解决城市建设和城市管理中市区权责不对等、行政效能不够高等问题而推出的一项重大改革，也是"放管服"改革在深圳的具体实施措施。[12]深圳市在市、区两级都设立了独立的城市更新管理部门，即城市更新局，使得财权、事权等管理权限得以下沉，形成市级统筹规划、区级综合管理、街道治理服务的定位，在促进行政审批效率提升的同时，为各区的长效发展带来更多可能性。这一举措有助于破解政府权力过于集中、政府层级之间的权责不对等现象，激发城市的创新动力与发展活力。[13]此外，深圳市在区级层面赋予了更多的审批权力，使各区能够根据自身情况推动规划和方案变更，不仅减轻了市级领导机构的审批压力，还加快了审批速度。然而，"强区放权"可能引发区域协调、指导、监管等方面的问题，这些问题仍需观察和解决。与此同时，像上海市、广州市等城市还提出了建立专家委员会制度和公众参与机制的措施。专家论证制度有助于弥补政府独立决策的理性不足，推动重大行政决策的科学化。《上海市城市更新条例》规定，专家委员会由规划、房屋、土地、产业、建筑、交通、文史、社会、经济和法律等领域的专业人士组成，通过不同领域专家的集思广益，能够有效提升政府决策的合理性。

信息化也是优化审批流程，推进更新工作的有效工具。广州市规定由市级城市更新部门建立常态的基础数据调查制度，组织指导各区政府开展城市更新片区现状基础数据的调查工作，建立并定期更新城市更新数据库。各相关行政管理部门与市级城市更新部门建立数据共享和交换机制，有效提升了城市更新行动的实施效率。与此不同，上海市依托"一网通办""一网统管"平台，建立了全市统一的城市更新信息系统。同时，城市更新指引、更新行动计划、更新方案，以及城市更新有关技术标准等通过城市更新信息系统同步向社会公布。通过信息化手段，政府能够在城市更新项目的全生命周期内进行监管，从而有效发掘城市更新项目的优点与不足。

5.1.3　审批程序改革与优化

2019 年，天津市印发了《天津市工程建设项目审批制度改革试点实施方案》，[14] 实现了对工程建设项目审批制度的精简改革，项目审批速度得到了大幅度提升，以老旧小区加装电梯为例，工程审批相关的主要改革内容如表 5-1、表 5-2 所示。

表 5-1　天津市工程建设项目审批程序及内容

审批阶段	审批程序	审批内容
立项规划阶段	立项许可	立项申请表、项目可行性报告、土地权属证明、规划局出具的选址意见书、国土局用地预审意见、环保局出具的环评报告等
建设审批阶段	用地许可	用地规划许可证申请表、土地出让合同复印件、立项批复文件、用地规划条件说明书、申请人或受托人身份证复印件等
建设许可阶段	规划许可	申请人身份证及房屋权属证明复印件、相关签字协议书、加装电梯方案公示证明、加装电梯设计方案、土地权属证明文件等
施工许可阶段	消防审批	消防审核申请表、立项批复文件、施工图设计文件及消防设施配置图及消防设计说明等
	人防审批	立项批复文件、规划许可证、规划方案、项目设计方案
	图纸审查	全套建筑与结构施工图、立项批复文件、节能计算书、消防意见书、结构计算书、节能计算书、电气说明书等
	安全监督	质量安全监督登记表、施工图审查合格书和备案证明文件、安全生产承诺书、相关资质证明等
	施工许可	用地许可证、规划许可证、施工图审查合格书、施工合同、相关资质证明等
竣工验收阶段	电梯验收	产品合格证、机房井道布置图、使用维护说明书、安装说明书、安全部件调试证书、部件安装图等
	消防验收	全套建筑、结构、水、电竣工图，消防审核意见书，消防设备合格证，消防备案申请表等
	规划验收	用地许可证、规划许可证、工程竣工图等
	竣工验收	竣工验收报告，用地、规划与施工许可证，工程勘察与设计质量检查报告，规划与消防验收文件、电梯验收文件等

（表格来源：作者根据相关文件整理绘制）

表 5-2　加装电梯工程审批制度改革内容及实施办法

改革内容	实施办法
快速审批机制	对现状改建、扩建的项目，实行审批告知承诺制，建设单位凭承诺书申领建设工程规划许可证，500m² 以下工程不再办理施工许可证和消防审核备案手续
精简审批事项	推行"以函代证"模式，以建设用地规划许可证或土地管理部门出具的用地受理的函作为用地批准手续，用建设工程规划许可意见函申领建筑工程施工许可意见函
合并审批事项	实行联合审图机制。将建设项目消防设计审核备案、结合民用建筑修建防空地下室设施许可事项的技术审查并入施工图设计文件审查，推行政府购买服务
告知承诺制	对通过事中事后监管能够纠正不符合审批条件的行为且不会产生严重后果的审批事项，推行告知承诺制，实行审批事项清单，制定审批告知承诺制管理办法
统一管理机制	实行"一网通办"；全面推行工程建设项目网上申报，建立项目审批管理信息空间

（表格来源：作者根据相关文件整理绘制）

以一般社会投资类项目（如房屋建筑项目）为例，改革前的审批程序主要包括立项规划选址阶段、建设用地审批阶段、项目规划设计审批阶段、监理施工招标阶段、报建施工阶段和竣工验收阶段。改革后，审批程序经历了较大调整，主要包括工程建设许可阶段、施工许可阶段和竣工验收阶段。具体而言，立项规划许可阶段、建设用地规划许可阶段和监理施工招标阶段涉及多项行政审批手续，其复杂的审批程序和长周期不利于小型工程建设项目的快速审批，该项改革通过合并多项审批手续，进一步提升了审批速度（表5-3）。

表5-3   审批制度改革后小型工程建设项目主要审批阶段及其流程

审批阶段	审批主要流程
建设许可阶段	签订土地出让合同（国土部门），可并行办理项目备案、建设用地规划许可证和建设用地批准书；建设工程规划许可证（规划部门），同步征询人防消防等部门意见
施工许可阶段	施工图（含人防、消防设计）审查合格证（图审机构），可并行办理消防审批和人防审批；工程质量安全登记、施工许可证（建设部门）
竣工验收阶段	开展联合勘验、验收（包括规划、消防、人防、气象等专项验收）竣工验收备案

（表格来源：作者根据相关文件整理绘制）

在天津市首例既有住宅加装电梯项目中，项目审批共经历了三个阶段：施工图审查、规划审查、工程质量安全登记和施工备案。在施工图审查资料阶段，申请人通过天津数字化审图系统申请图审，再向相关部门提交加装电梯规划设计方案后，取得规划审查意见函，完成规划审查。根据相关规范要求，500m^{2}以下的项目不需办理施工许可证，仅需办理施工备案。由于该项目建设面积为62m^2，因此质量安全登记与施工备案合并办理。工程建设前，工程主要审批阶段包括工程建设许可阶段和施工许可阶段，需要办理的审批手续主要有申领规划审查意见函、办理施工备案和工程质量安全登记。

在此过程中遇到的主要问题有：申领规划审查意见函时缺乏加装电梯建筑方案合理性证明；办理施工备案和工程质量安全登记时，由于缺乏施工图审查前置要件，导致无法开展施工图审查，进而无法提供施工备案和工程质量安全登记的前置要件——"施工图审查合格书"。最终通过召开专家论证会的方式，一次性解决了这些问题（表5-4、表5-5）。

表 5-4 施工建设前各审批阶段的审批内容及要件

审批阶段	审批内容	审批要件
建设许可阶段	规划许可证或规划审查意见函	规划设计方案文本； 加装电梯业主意愿书； 加装电梯申请人身份证复印件； 加装电梯业主房屋权属证明件； 加装电梯方案公示报告； 加装电梯建筑方案合理性证明
施工许可阶段	施工许可证或施工备案工程质量安全登记	建设单位项目负责人承诺书、法人授权书； 勘察单位项目负责人承诺书、法人授权书； 设计单位项目负责人承诺书、法人授权书； 施工单位项目负责人承诺书、法人授权书； 监理单位项目负责人承诺书、法人授权书； "房屋建筑和市政基础设施工程质量安全登记"与"建筑工程施工许可"合并办理申请表； 天津市房屋建筑工程施工图文件审查合格书； 加装电梯业主授权委托书（代替招投标文件）； 与业主签订的各项合同

（表格来源：作者根据相关文件整理绘制）

表 5-5 施工建设前审批问题及解决措施

主要审批阶段	审批问题	解决措施
建设许可阶段	无法提供规划审查所需的加装方案合理性的证明	建筑方案专家论证会
施工许可阶段	施工图审查相关前置要件不全，造成无法开展图审工作，导致无法提供施工图审查合格书	施工建设专家论证会
	缺失房屋地质勘察审查前置要件立项证明，造成房屋地质勘察报告审查无法进行	

（表格来源：作者根据相关文件整理绘制）

　　天津市既有住宅加装电梯项目属于老旧小区改造中的完善类项目，加装电梯审批程序往往不同于新建建设工程，审批历时往往需要半年至一年。由于加装电梯的特殊性，按照传统审批程序办理往往需要更久的时间。在工程项目审批改革后，相关审批流程被大幅缩短，但在实际工程中仍然遇到了一些问题，如相关证明文件缺失、方案审查要求错位等。现阶段，各地加装电梯审批程序差异较小，涉及职能部门多，包括规划、建设、消防、质监及其他相关部门，需签字盖章办理的事项多。同时，由于加装电梯在政策及法规层面上的特殊性，在审批过程中常出现同一部门"多进多出"现象，进一步增加了审批工作的复杂度。

5.2 老旧小区改造施工与验收

5.2.1 施工

　　城市更新项目实施主体应提供完整的设计文件。施工图设计文件应由具有相应资质的设计单位设计，并在经过施工图审查合格后方可用于施工。城市更新项目施工单位须具备相应资质的施工企业、安装企业、勘察、设计、咨询单位等项目管理单位，并通过合法程序获得城市更新项目的施工任务。施工单位应按规定办理相关施工许可手续，同时具体负责组织协调小区改造的工程报建、设计、材料采购、工程实施和验收等相关工作（表 5-6）。

（1）施工过程中，施工单位应综合考虑城市更新项目所处位置、交通条件、居民出行等情况，编制详细的施工组织设计。同时，积极采取绿色施工措施，科学合理、文明地组织施工，确保施工和居民出行的安全，并减少对附近市民生活工作的干扰。

（2）城市更新项目的施工全过程应按相关规定接受质量安全监管。对老旧小区改造实施、管理的全过程质量安全监管应积极采用信息化手段，增加施工巡查力度，落实工程质量、安全生产、文明施工、扬尘治理等管理要求。

（3）鼓励社会资本参与城市更新项目的施工管理，督促监理公司按招标文件及合同约定配齐监理人员，并落实工作制度。城市更新项目的实施单位应严格按照相关法律、法规和规范标准组织实施。在实施过程中，应按照集约用地、绿色节能、低碳环保的原则，推广使用经国家、省、市有关部门认定的新技术、新工艺、新材料和新设备。在满足使用功能的前提下，优先使用建筑废弃物绿色再生产品。

表 5-6　老旧小区改造项目施工常用规范一览表

改造类别	改造项目	规范
基础类改造	屋顶维修	《屋面工程技术规范》GB 50345 《屋面工程质量验收规范》GB 50207 《建筑工程施工质量验收统一标准》GB 50300 《建筑与小区雨水控制及利用工程技术规范》GB 50400
	供水设施	《建筑给水排水设计标准》GB 50015 《民用建筑节水设计标准》GB 50555 《住宅设计规范》GB 50096
	排水设施	《建筑给水排水设计标准》GB 50015 《建筑与小区雨水控制及利用工程技术规范》GB 50400
	供电设施	《城市电力规划规范》GB/T 50293 《居民住宅小区电力配置规范》GB/T 36040 《城市工程管线综合规划规范》GB 50289 《建筑电气工程施工质量验收规范》GB 50303 《住宅设计规范》GB 50096

续表

改造类别	改造项目	规范
基础类改造	通信设施	《住宅区和住宅建筑内光纤到户通信设施工程设计规范》GB 50846 《住宅区和住宅建筑内光纤到户通信设施工程施工及验收规范》GB 50847
	道路设施	《城市道路交通设施设计规范》GB 50688 《城市居住区规划设计标准》GB 50180
	供气设施	《城镇燃气设计规范》GB 50028
	照明设施	《建筑电气照明装置施工与验收规范》GB 50617 《绿色照明检测及评价标准》GB/T 51268
	围墙大门	《城市居住区规划设计标准》GB 50180 《民用建筑设计统一标准》GB 50352
	消防设施	《建筑设计防火规范》GB 50016 《民用建筑设计统一标准》GB 50352
	无障碍设施	《民用建筑设计统一标准》GB 50352 《无障碍设计规范》GB 50763 《建筑工程施工质量验收统一标准》GB 50300
完善类改造	房屋公共部分修缮	《民用建筑设计统一标准》GB 50352 《建筑工程施工质量验收统一标准》GB 50300 《无障碍设计规范》GB 50763 《建筑装饰装修工程质量验收标准》GB 50210
	道路设施	《透水路面砖和透水路面板》GB/T 25993 《海绵城市建设评价标准》GB/T 51345 《建筑与小区雨水控制及利用工程技术规范》GB 50400 《无障碍设计规范》GB 50763
	停车设施	《城市居住区规划设计标准》GB 50180 《建筑设计防火规范》GB 50016 《民用建筑设计统一标准》GB 50352
	安防设施	《视频安防监控系统工程设计规范》GB 50395 《安全防范工程技术标准》GB 50348
	便民设施	《城市居住区规划设计标准》GB 50180 《民用建筑设计统一标准》GB 50352 《无障碍设计规范》GB 50763
	环境整治	《民用建筑设计统一标准》GB 50352 《建筑结构荷载规范》GB 50009 《城市居住区规划设计标准》GB 50180 《无障碍设计规范》GB 50763 《城市绿地设计规范》GB 50420 《海绵城市建设评价标准》GB/T 51345 《建筑与小区雨水控制及利用工程技术规范》GB 50400 《屋面工程技术规范》GB 50345
	建筑节能	《建筑节能工程施工质量验收标准》GB 50411 《建筑设计防火规范》GB 50016
提升类改造	立面整治	《城市居住区规划设计标准》GB 50180 《建筑设计防火规范》GB 50016 《民用建筑设计统一标准》GB 50352
	服务设施	《城市居住区规划设计标准》GB 50180 《建筑设计防火规范》GB 50016 《民用建筑设计统一标准》GB 50352
	特色风貌	《城市居住区规划设计标准》GB 50180

（表格来源：作者根据相关文件整理绘制[15]）

5.2.2　验收

1. 验收流程

城市更新相关工程竣工验收步骤繁多，一方面是验收的种类多、阶段多，例如：既有住宅加装电梯[16]的项目验收前后分为土建验收、电梯验收，以及竣工验收，每个阶段环环相扣，并且在验收完成后才可以进行下一个步骤；另一方面是验收的步骤繁多，各种验收流程均包含多个步骤且需准备多种文件，并且不同验收环节的流程步骤各有不同。然而，尽管验收步骤繁复，但不同的流程模式存在共性，建设项目竣工验收流程大致可以归纳为"施工单位自检——监理单位预验收——勘察、设计单位检查——建设单位组织验收——住房城乡建设部门备案"五个阶段，其中的各个检查阶段因施工单位整改存在反复的情况（图5-9）。

在工程完工之后，施工单位要首先对工程进行自检，在确定自检合格之后填写工程验收报告，再报监理单位验收。监理单位在收到《工程验收报告》之后，要全面审查施工单位的验收资料，整理监理资料，并对工程进行质量评估，形成《工程质量评估报告》。此后由勘察、设计单位对勘察、设计文件进行检查，提供质量评估报告，再经过施工单位、监理单位、勘察单位、设计单位的初步检查验收，各方提出整改意见后由施工单位整改。初检合格后，由建设单位组织设计、施工、监理等单位成立验收组，对于规模较大或是较复杂的工程还应编制验收方案，在验收后施工单位要根据各方意见完成整改，整改后由建设、监理、设计、施工单位签字确认，重要的整改内容还要进行复查，如此反复直至整改完毕。在完成验收后，工程将移交建设单位，并且向住房城乡建设部门

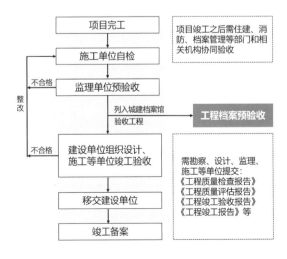

图5-9　项目竣工验收流程图

提交资料完成备案。至此，竣工验收阶段完成，而城市更新项目由于其特殊性，过程又有些许差异，在部分步骤中可以进行简化，实现优化验收流程、提高验收效率的目的。

2. 各地方验收典型做法总结

各地方验收典型做法总结见表 5-7。

表 5-7　城市更新项目验收典型做法总结

具体做法	典型省市
由项目实施主体组织参建单位、相关部门、居民代表等开展联合竣工验收，无需办理建设工程规划许可证的改造项目，无需办理竣工规划核实。	山东省、浙江省
简化竣工验收备案材料，建设单位只需提交竣工验收报告、施工单位签署的工程质量保修书、联合验收意见即可办理竣工验收备案，消防验收备案文件通过信息系统共享	
老旧小区住宅加装电梯项目完工并经特种设备检验机构监督检验合格后，申请人应当组织设计、施工、监理单位和电梯安装单位对加装电梯项目进行竣工验收，邀请属地人防主管部门、街道办事处（镇人民政府）、社区居民委员会参加。竣工验收合格方可交付使用；	天津市、石家庄市
项目竣工验收后，街道（乡镇）牵头组织社区居委会、业主委员会、物业服务企业、业主代表和参建单位，对改造效果提出意见和建议；	
对于不改变使用功能的改造工程，应执行现行国家工程建设消防技术标准，鼓励整体提升消防安全水平；确有困难，可按不低于建成时的消防技术标准进行设计和验收备案；	
外窗更换、楼内上下水管线改造等老旧小区专有部分完工后，邀请住户参与分户验收；	
对于因住户不同意或其他客观因素导致内墙加固、外窗更换、管线改造等工程不能全部完成的，由实施主体获得住户签字、提交书面说明并依法完成设计变更后，组织工程竣工验收，依据验收结果办理备案手续	

（表格来源：作者根据住房和城乡建设部办公厅《实施城市更新行动可复制经验做法清单》整理绘制）

3. 老旧小区改造项目验收——以天津既有住宅加装电梯工程为例

天津市的老旧小区加装电梯工程[17]验收共分为三个环节：土建验收、电梯验收、竣工验收。

土建验收分为三个部分：桩基验收、地基与基础验收，以及建筑工程主体验收；桩基验收主要指检验桩基质量，确保工程安全性。既有住宅加装电梯工程桩基子分部工程质量验收严格遵循了验收流程（图 5-10）。

地基验收主要指在桩基工程完成后，基坑开挖后对桩的位置、标高，以及基槽的土质情况进行质量验收；基础验收主要指针对基础底板、地梁、承台等混凝土部件的位置、尺寸、强度、钢筋保护层厚度等进行实体检测的质量验收。地基与基础验收流程基本一致（图 5-11）。

建设、施工等单位分别汇报工程合同履约情况和工程建设
各环节执行法律、法规和工程建设请执行标准情况

建设、施工等单位依据有关验收标准和规程确认工程资料完备情况

实地查验工程实体质量，根据现行国家工程验收标准、规范，
对工程实体工程质量的允许偏差进行抽查

建设、施工等单位根据现行国家工程验收标准规范，对工程质量和各管理环节等方面做
出总体评价，确定该工程是否达标，能否进行下一步土建施工

质量监督站人员对工程竣工的组织形式、验收程序等进行监督，
对符合要求者予以认可，发现有违规定的，责令整改

监督验收后，建设单位负责形成《验收会议记录表》，报质量监督站备案

图 5-10　桩基工程质量验收主要流程

由建设单位核查专家组成员的资质及到场情况

由建设单位组织参建单位进行项目完成情况的简单汇报

观感组、资料组进行现场实测验收，资料组对隐蔽验收资料
及材料进场复试等工程资料进行检查

质量监督站人员对验收程序等进行监督，对符合要求者
予以认可，发现有违规定的，责令整改

验收复核，由观感组、实测组和资料组的三个组长分别对验收
情况做简要汇报，并宣布验收是否合格

图 5-11　地基与基础工程质量验收主要流程

建筑工程主体验收条件主要包括：①建筑主体工程施工完成；②建筑材料、试块试验报告，以及其他验收资料；③工程所用混凝土及钢筋检测报告；④施工沉降观测报告。既有住宅加装电梯工程电梯验收严格遵循电梯设备验收程序，流程如图 5-12 所示。

施工单位在完成各项施工内容后，对工程质量开展自查，监理单位对工程质量开展质量评估。即按质、按量顺利施工完成连廊部分、电梯部分、室内外装饰部分和原有阳台改造部分等（图 5-13）。

相较于工程建设竣工验收的标准流程，城市更新改造工程的验收流程相对

电梯建设单位向特种设备质量检验局提出验收申请

资料审查：主要包括电梯安装相关资料、电梯产品
质量证明、施工过程记录等

现场检验：主要包括机房检查、井道检查、层门
与轿门检查、功能试验等

根据检验情况出具"合格""复检合格"
"不合格""复检不合格"的结论

问题整改：针对检验中发现的一般缺陷问题，责令有关单位在10个工作日
内完成整改，出现严重缺陷问题时，出具"不合格"结论，需整改复检

图 5-12　电梯设备质量验收主要流程

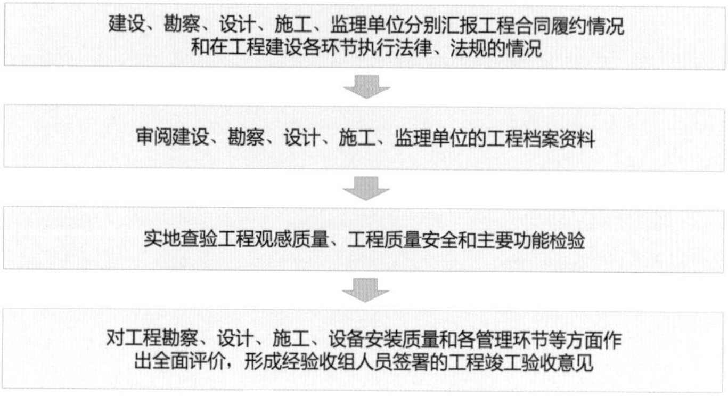

出具监督检验报告、监督检验证书

建设、勘察、设计、施工、监理单位分别汇报工程合同履约情况
和在工程建设各环节执行法律、法规的情况

审阅建设、勘察、设计、施工、监理单位的工程档案资料

实地查验工程观感质量、工程质量安全和主要功能检验

图 5-13　竣工验收主要流程

对工程勘察、设计、施工、设备安装质量和各管理环节等方面作
出全面评价，形成经验收组人员签署的工程竣工验收意见

简化，但并未因项目规模小而牺牲验收流程的严谨性，保障了建设项目的安全
落实。

5.3　老旧小区改造管理与运维

5.3.1　党建引领

1. 理论基础

在新时代背景下，无论社区是顶层设计、中观规划，还是具体治理实践都
将社区治理和基层有机结合，特别是近些年来，相关领域的文件相继出台，表

明了党中央、国务院对二者的高度重视。"党建引领、社区治理"是党治国理政的重要一环，社区治理和社区党建是两个密切相关的领域，[18]尤其是社区党组织在社区治理的主体结构形态中地位特殊，带头作用非常明显，将党建引领和社区治理相结合，在发挥出社区党组织的多重优势下，能够提升社区治理的有效性，与此同时也强化了党的基层政权建设，为社区治理共同体的构建打好了基础。[19]

1）党建引领

"党建引领"在社区治理中的内涵较为丰富：①社区党组织能够引导和带领社区居民拥护党的领导，即政治引领；②社区党组织能够高效凝聚起各类服务型组织做好服务社区居民的工作，即组织引领；③社区党组织通过自身能力的发挥，能够有效地协调各方利益、化解各类矛盾，即能力引领；④社区党建制度不断完善健全，为社区治理提供充实的制度保障，即制度引领。党建引领是在构建我国的治理体系、提升治理能力现代化过程中应运而生的一种全新治理思路，并不改变治理主体本身的基本功能和架构，而是将多元治理主体关系进行再造，为各治理主体实现良性合作提供新的连接点。[20]

2）社区治理共同体

社区治理并非单个或部分主体对社区公共事务的治理，过程蕴含着各治理主体间的合作，政社合作是对治理主体关系的精简描述。社区是建设社会治理共同体的微型空间，它是一种社会联结有机体，包括利益、情感、文化、行动等。我国现阶段要实现基层治理模式的转型升级和创新的目标，离不开治理共同体的建设。众多社区共同构成了社会治理的最基层组织，而社会治理共同体的建设思维也为社区治理共同体的构建提供了依据。社区要实现治理有效，不仅要关注社区外在秩序的和谐有序，更应该注重社区内部的融合共治。"低投入——高效能——可持续"的治理效能结构，将成为未来城市社区治理的创新方向与行动指南（图5-14）。

3）党建引领社区治理共同体构建

社区是党和政府联系群众、服务居民的最重要的着力点，社区党建是基层党建工作的单元。新时期，社区党建的组织建设受到社会各界的关注和重视。在社区党建实施中，党建效果的高度外溢，以及社区党组织自身能力的高效发挥都充实了社区党建的引领作用，在社区治理与建设中全面广泛吸引共建伙伴，形成了多方位的治理格局。全国各地在党建引领社区治理的实战中凝练了许多

图 5-14　社区治理共同体内生特性
（图片来源：根据本章文献 [20]改编绘制）

值得借鉴的优秀经验，将党建引领社区治理作为切入口和突破口，积极创建社区党组织掌舵，居委会、业委会、社区社会组织和驻区单位通力合作、形成合力的动力机制，实现了社区治理多方联动。[21] 党建引领社区治理共同体构建就是要加强党的建设来强化引领社区治理的能力，在充分调动社区各类组织、各类群体积极性的情况下，推动驻社区单位、社区物业、社会组织等党组织建设互联共建，推动社区治理主体联动，进而打造社区治理共同体。

2. 现实需要

社区治理的主体关系是多面的，基层党建发挥的多重引领力是保证治理主体协同的天然优势，这种协同不是治理主体的简单对接，而是涉及各个治理主体之间的情感共识达成、利益偏好聚合和行动取向协调，深入挖掘这些因素才能够真正发挥出社区党建应有的引领力，为社区治理共同体的构建保驾护航，实现治理共同体的稳定与可持续。

1）社区治理共同体构建中的政党作用

随着时代快速发展，治理主体的多元化和治理对象的复杂性使社区治理面临着多方面"碎片化"的窘境。党建引领下，利益共同体、行动共同体和情感共同体的营造是破解治理碎片化问题的着力点和社区治理水平整体性提升的关键所在。党建、治理和发展的强化是相互关联、相互支持的。社区党建工作通过发挥其核心作用、引领作用、保障作用和连接作用，为构建社区治理共同体提供持续不断的动力。

2）党建在社区治理共同体构建中的引领优势

社区治理共同体构建的关键在于通过党建发挥出的引领作用，将党组织的内部建设优势或工作成效外化到对社区治理的引领上来，实现党建与引领的融合并达到构建起社区治理共同体这一善治目标。从某种意义上看，党建就是引领本身，而社区治理共同体的构建是将社区党组织建设的作用进一步转化为引领社区治理优势的集中体现。社区党建是扎根于社区治理的党建，是社区治理的根基和活力，而社区治理是以党建为引领的治理，是社区党建的方向和力量。

3）党建引领社区治理共同体构建的价值彰显

"共同体"构建已在多个治理领域开展，不仅可缓解当前社会治理面临的多面性难题，还是社会长远发展的良策。从社会治理共同体的概念延伸出来的社区治理共同体，能够在党建引领下，自下而上更新治理格局、解决社区治理难题不仅符合国家在社区治理领域顶层设计的初衷，也符合各级政府对于完善社区治理体系的需要，更符合各社区党组织党建工作的目标，意义极其深远。现阶段是逐渐构建起社区治理共同体的重要时期，特别是在党建引领下，各方力量高度聚集，多种资源高度集中，为社区治理共同体的构建打造了安稳和谐的舒适环境。

3. 现实路径

随着社会现代化的推进以及科技革命的勃兴，传统社会中的共同体模式逐渐解体，共同体情感也逐渐淡化，个体与社会之间的纽带不再那么强韧，个体脱离传统的生存共同体，逐渐变成现代社会中的独立个体。许多个体在享受现代化红利的同时脱离了共同体生活，成为社会中的"观光者"和"流浪者"，他们在碎片化的生活之中失去了生存的根基和家园的归属。社会大幅度的人口流动、变动不安的分离状态引发种种弊害，社会管理的惯性仍然存在，社区公民参与的主动性较弱，社区归属感不强，社区公共价值难以塑造，集体行动也难以达成，如何回归温暖又舒适的生活环境，以及如何重建社会的团结与道德是共同体复兴面临的首要问题，因此，打造更加高效、更有韧性、更能够迎接风险挑战的治理共同体是现代社区治理必须之路径。[22]

1）坚持政治引领促进治理理念优化升级，为共同体构建培养情感共识

当下社区治理的形态不仅要对现有或者以往治理局限进行重新思考与审视，更需要呼唤价值的认同与情感的回归，重新规划未来发展方向。社区治理

共同体的构建有其自身的价值内核诉求，即在促进社区自治善治、提高服务质量的基础上，让社区居民认同感、归属感不断提升，提高对社区公共事务的参与程度。而社区党组织具有天然的政治优势，通过"党建引领"实现方向性引领和原则性指导作用的发挥，促进治理的理念优化升级，从而实现社区治理的整合，为社区治理共同体的构建培养情感共识。

2）坚持组织引领推进多元治理主体联动，为共同体构建凝聚主体合力

基层党组织都是扎根于基层、服务于群众的党的组织，其工作重点是要把分散的力量集聚化，尽最大可能实现社会统一的行动。社会结构的异质化和治理要素的分散化使基层党组织面临诸多难题，迫切需要创新组织方式来协调各种力量和要素，特别是在基层社区层面，需要达成群众性自治与行政性他治的有机结合，发挥社区党组织的超强引领力，推进多元治理主体的联动。

3）坚持创新引领完善社区治理要素配置，为共同体构建创建优质环境

新形势下，创新是社区治理领域的源头和动力，是构建社区治理共同体的重要保障，这对社区党组织服务群众工作及其党建工作提出了更高水准的新要求，未来的社区治理发展方向，要进一步强化以党建为引领、以创新为驱动的环境要素配置，为社区治理共同体的构建提供优质环境。

4）坚持机制引领健全社区治理长效机制，为共同体构建提供制度保障

合理的制度安排与机制建设，对于确保社会的平稳运行、协调各方利益具有重要的作用，在社会治理领域，需要依托基层党组织的优势和巩固坚实的制度依靠，才能为社区治理共同体的构建提供长效的制度保障。党建引领社区治理的机制创建要遵循科学性、现代性、创新性的基本原则，以促进党建引领与社区治理长效互动，为社区治理共同体的构建提供强有力的制度保障和目标导向。

5.3.2　多方参与

在老旧小区改造中，树立"共同缔造"理念，提升基层社会治理的主体协同力。充分发挥群众的主体作用，激发群众全过程参与老旧小区改造的热情，增强群众主人翁意识。"多方参与"指多元主体协同联动整个治理过程，强调各方共同参与、协调配合的理念，包括多主体通过多种治理方式治理社区的公共事务，不同主体在社区治理中发挥着各自不同的作用。市、区政府等行政力量发挥指导和监督问责制作用，确保治理活动在法律和制度的框架下进行。社区力量负责组织协调，调动各方积极性，实现协同联动，促进社区的良好运作。[23] 多方参与理念下的社区治理，强调多元主体需要基于社区这一利益共同体采取集体行动，互相配合、相互协调、协同进步，是完善提供公共服务的趋势之一，具体包括决策共谋、发展共建、建设共管、效果共评、成果共享 5 个方面（图 5-15）。

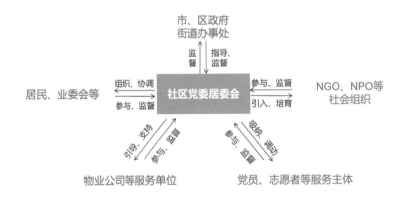

图 5-15　社区治理各主体关系图
（图片来源：根据本章文献 [24]
改编绘制）

1. 理论基础与政策依据

1）治理理论

社会治理可以被定义为政府、社会组织、企事业单位、社区和个人等各方通过平等的合作伙伴关系，在法律框架下对社会事务、组织和生活进行规范和管理的过程，旨在最终实现公共利益的最大化。[24] 其内涵包括城市、城区、街区、社区、小区、房屋六个层级的管理，物业服务企业参与的运营和维护，以及改造全流程的公众参与三个维度。社会治理具有以下特点：首先，强调自愿、平等、协商和合作的原则，弃用了强制性手段。其次，治理理论认为政府并非唯一的治理主体，非政府和民间组织同样具有治理权力，推崇多元主体参与。治理的关键要素包含在多个主体的界限和责任模糊性中，强调在治理过程中发挥各组织主观能动性的同时，政府也要发挥带头作用，这意味着在治理中，各方应积极参与，同时政府作为引导和推动的力量也至关重要。

2）国家治理体系和治理能力现代化理论

国家治理体系是在党的领导下管理国家的制度体系，而治理能力则是指运用这一国家制度来有效管理社会各方面事务的能力。国家治理体系和能力现代化的标准涵盖了制度化、民主化、法治化、效率化、协调化等方面，最终的目标是实现"善治"，使国家在各个层面都能够高效、公正、协调地运行。国家治理体系和能力现代化的本质问题是协调，重新审视政府与社会或全体公民的关系及其作用。社区治理作为国家治理的组成部分，对基层稳定起着至关重要的作用，其成效不仅在于保障基层社会的平稳运行，也为实现国家治理现代化迈出了坚实的一步。

3）共建共治共享社会治理制度的政策依据

党的十八届三中全会首次将社会管理转变为社会治理，成为国家治理体系和能力现代化的关键组成部分。党的十八届五中全会进一步具体化和细化社会治理，提出了"构建全民共建共享的社会治理格局"，而在党的十九大中这一理念进一步发展为"共建共治共享的社会治理格局"。党的十九届四中全会又明确提出"坚持和完善共建共治共享的社会治理制度"。这种演变折射了治理理念的变革，其中"共建共治共享"的理念更加强调多元主体的重要性，政府向社会进行了权力的下放和赋予，新的治理机制更加规范化和系统化，有助于将制度优势转化为治理效能。

在党的二十大报告中，这一理念得到了进一步深化和发展，强调"健全共建共治共享的社会治理制度，提升社会治理效能，建设人人有责、人人尽责、人人享有的社会治理共同体"，旨在实现社会治理与经济社会发展的深度融合，以满足人民群众日益增长的美好生活需要。

2. 共谋、共建、共管、共评、共享理念对社区治理的新要求

1）决策共谋理念对社区治理的新要求

"决策共谋"理念强调政府、社区、居民，以及其他利益相关者在决策过程中的平等地位和积极参与，旨在打破传统治理模式中的单一权威结构，实现多元主体的协同与共治。具体包括五个方面：①建立社情民意收集机制，确保政策和决策能够真正反映群众的意愿和需求；②探索党组织领导下的群众议事机制，让群众有更多的渠道和方式参与到决策过程中来；③探索横向到边的体制机制，通过构建多元化的社会组织体系，实现城乡社区治理的全覆盖；④注重发挥社区能人优势，借助他们的影响力和资源，推动社区建设和发展；⑤注重启发民智，通过学习交流和培训等方式，增强群众的参与意识和能力。

2）发展共建理念对社区治理的新要求

"发展共建"的含义在于社区治理机制和平台由全体社会成员共同参与，实现了顶层设计和基层参与的有机结合，涉及建立健全社区治理的体制机制、搭建智能联动平台，以及保障参与主体多元化。[25] ①为促进各主体依法规范地参与社区事务，确保社区治理的有效运行需建立一个协调的体系机制来规范社区治理；②为促进社区服务的一体化，提高治理效率，需建设和强化社区治理和服务综合信息平台，利用互联网和人工智能等科技手段搭建社区治理智能联动平台；③保障参与主体多元化也是"共建"社区治理的重要方面，制度应规定主体参与的职责和义务，明晰各主体的责任和权限，通过法律、制度、文件等形式规范主体行为，同时通过非正式制度提高主体的参与频率与质量，确保社区治理的广泛参与和有效运作。

3）建设共管理念对社区治理的新要求

"建设共管"是指在社区治理过程中，通过制度设计和政策引导，使政府、社区组织、居民，以及其他社会力量等多方主体能够平等参与到社区事务的管理、服务、监督和决策中。这一过程强调的是多元参与主体之间的合作与协调，以及通过正式和非正式机制相结合的方式，共同推动社区的和谐与发展，具体包括六个方面：①确立法律法规框架，通过立法或政策制定，为社区治理提供法律依据，明确社区自治的边界和原则；②建立多元治理主体，除了政府和社区组织的常规参与外，还需要鼓励居民、企业、社会团体等其他主体积极参与社区治理；③完善参与机制，建立健全居民议事会、业主委员会等社区自治机构和决策平台，确保居民可以直接参与到社区事务中；④强化服务功能，通过整合资源，提升社区服务能力，满足居民的多样化需求；⑤促进信息透明，建立社区信息公开系统，保证居民能够及时获取社区治理相关的信息，增加治理的透明度；⑥实施激励和约束，通过政策激励和社会监督，促使社区治理参与者积极履行自己的职责，同时对违反规定的行为进行必要的约束和惩戒。

4）效果共评理念对社区治理的新要求

"效果共评"指的是社区居民和其他参与主体共同参与社区治理效果的评价过程，目的在于通过公开透明的评价机制，确保社区治理的效果得到客观公正地反映，促进治理主体之间的相互理解和信任，增强社区治理的民主性和科学性，具体体现在四个方面：①评价标准的制定，明确评价指标和标准，指标包括但不限于社区环境的改善、居民满意度的提升、治理成本的节约等；

②评价流程的设计，包括评价的启动、信息的收集、评价的分析和结果的公布等环节；③评价结果的应用，评价结果应用于指导未来的治理决策和行动计划，以持续改进社区治理效果；④反馈机制的建立，确保评价结果能够及时反馈给所有参与主体，以便于了解各自贡献和存在的问题，从而作出相应的调整。

5）成果共享理念对社区治理的新要求

"成果共享"理念在城镇社区治理中体现为一种人人共同享有、人人共同承担的理念，追求普惠化和公平化，包括治理资源分配公平合理、治理成果共同分享、治理责任共同分担等方面。治理资源分配公平合理主要是指各方在治理过程中能够平等共享人力、财务、服务设施、信息技术等方面的有效利用资源，从而推动社区的共同发展；治理成果共同分享是指共享社区秩序的改善、民生服务的提升、公民权利的保障等方面的成果；治理责任共同分担是指多个主体共同分担治理责任，各方在治理过程中共同面对责任与挑战，有效地应对各种情况，确保社区治理的顺利进行。

5.3.3　长效管理

我国 2000 年以前建成的老旧小区多为出售的公房，由地方国企下属的物业公司托管，除保洁等基本服务外，物业管理缺失，整体性衰败和重复改造问题严重。因此，老旧小区改造项目在重楼本体修缮、设施改造、环境提升的同时，要同步开展规范物业管理的引进。通过加强物业服务监管，提高物业服务覆盖率、服务质量和标准化水平，对改造后的小区形成常态化的物业管理长效机制，实现整治改造与长效管理的有效衔接，使改造成果能够得到长期保持，实现即时更新的目标。

1. 老旧小区长效管理与社区治理

老旧小区长效管理模式的目标是以社区的可持续发展为核心，通过优化相关组织功能、重整架构并明确职责，旨在形成具体、紧凑、有效的社区管理方式。老旧小区长效管理与社区治理密切相关，两者形成了一个相互依存、协同作用的系统，为社区的可持续发展提供全面保障。社区治理涉及行政组织、自治组织、社会组织、市场主体等多元主体。社区治理模式的行政职能、居民职责、社会组织作用、市场作用等基本要素，也是老旧小区长效管理模式的组成部分。

2. 我国目前社区治理体系的现状问题

社区治理体系在政府的推动下，逐渐凸显了党组织、政府组织和社区自治组织的作用，经过 20 多年的发展取得了长足进展。然而，在发展进程中社区治理也面临一系列挑战，出现了居委会工作负荷大、社区成员对政府依赖度高、社区组织参与度低等多种问题。解决这些问题需要采取合适的机制和策略，以实现社区治理更为均衡、参与度更高的目标，需要制度建设、社区宣传教育、非政府组织的激励等多方面的共同努力。

3. 老旧小区长效管理面临的主要问题

老旧小区长效管理工作包含了多个层面，涉及行政、自治、公益和服务等不同类型的工作。这些工作共同构成了社区长效管理的基本内容，需要协同推进。然而，当前大部分社区成员尚未形成共同体，对社区建设、改造和长效管理缺乏统一意见，主要仍由政府负责，使得社区居民在治理工作中难以形成一致的目标和行动计划，制约了社区管理工作的进展，导致管理工作面临困难。因此，需要进一步明确工作承接组织、提升社区居民参与度、加强组织协同等方面的努力，寻求更有效的社区治理模式和组织形式，推动社区治理工作更为顺利地进行。

4. 促进老旧小区长效管理体系发展的对策

城镇老旧小区改造不仅是社区治理体系提升和完善的过程，同时也为完善社会治理体系提供了契机。[26] 促进老旧小区长效管理的有效发展，可从以下几个方面入手：

1）建构多元主体的社区治理体系

在创新社区治理体系方面，应转变政府大包大揽的治理模式，实现政府职能的转变。同时，强调多方合作，形成政府部门制定政策、基层党组织监督指导、社会组织提供服务、居民组织自治管理、服务企业有效运营的良性互动，构建分工明确、各司其职、各负其责的多元化治理体系。

2）完善社区治理和建设的配套制度

长效管理机制的建立需要良好的外部制度环境。结合本地实际，建立老旧小区改造的配套制度，体现长效管理机制的相关内容，明确长效管理的责权利。此外，建立社区企事业单位参与社区治理的责任约束和考核评价机制，完善社区公益服务清单制度，规范市场主体参与社会治理的途径（图 5-16）。

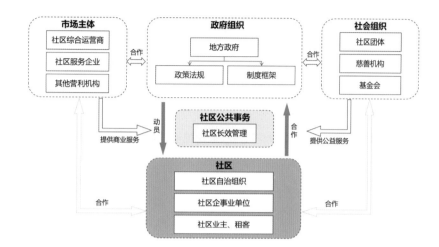

图 5-16　社区长效管理主体关系
图
（图片来源：根据本章文献 [26]
改编绘制）

3）激发社区成员的广泛参与

引导社区成员积极参与社区建设和治理，搭建人人有责、人人尽责的长效管理体系，鼓励当地居民自主合作进行老旧小区和住房更新改造，引导市场化力量广泛参与。同时，加强基层社会治理队伍建设，完善社区自治职能，组织议事协商会等，为社区成员广泛而有序地参与提供常态化保障。此外，要培育公众参与的意愿和能力，搭建社区成员沟通议事的平台，制定广泛参与的激励机制，引导社区成员通过民主协商解决问题。

4）培育和发展社区社会组织

社区社会组织是参与社区治理活动的重要力量，要重点培育与社区治理密切相关、能够提供专业化、社会化、差异化服务的社会组织。同时，引导社区社会组织加强内部规范建设，建立健全理事会制度，完善财务、会议、内部监督等制度，以规范建设自律、诚信、规范。

5）培育和发展社区服务企业

引入企业作为资源配置机制，提高效率并为长效管理带来动力。重点培育社区服务的综合运营企业，形成整体运营格局。同时，扶持与社区生活相关的专业服务企业，提供政策、资金和税收支持，鼓励其参与社区服务运营。

5.3.4　全生命周期运营维护

针对老旧小区改造后可能面临的设施迅速老化、服务质量退化和管理效率低下等问题，应树立"无运维不更新"的老旧小区改造理念，即专业的物业服务企业在改造前期介入，制定同时兼顾物质环境改造方案和后期运营和维护的策划方案。通过建立微利可持续运营机制和全生命周期维护机制，激发社会资本持续参与老旧小区改造后期运维的积极性，防止整体性衰落情况再发生。

1. "改造＋服务"的运维模式

2022年，住房和城乡建设部办公厅、民政部办公厅两部门联合印发《关于开展完整社区建设试点工作的通知》（建办科〔2022〕48号），提出聚焦群众关切的"一老一幼"设施建设，聚焦为民、便民、安民服务，尽快补齐社区服务设施短板，全力改善人居环境，努力做到居民有需求、社区有服务。在此背景下，为有效解决老旧小区设施陈旧、服务缺乏等问题，提升社区的管理水平和运维效率，满足现代居民对生活质量和服务的更高需求，本文提出将老旧小区的物质空间环境改造与服务功能提升有机结合的"改造＋服务"运维模式。具体包括以下内容：①通过调研居民需求、开展试点项目、收集居民反馈等措施，提高老旧小区改造方案和服务清单与居民实际需求的适配度，确保改造项目能够切实提升居民生活质量；②对老旧小区建筑、构筑物等各类物质环境，以及道路、广场等各类空间环境进行改造，优化老旧小区功能布局，满足居民日常生活需求，提高空间利用率和宜居性；③充分利用老旧小区闲置空间，置入养老、托幼、商业、医疗、文化、体育等公共服务，为居民提供更加便捷和优质的服务体验，提升社区的综合服务能力。例如，在闲置空地和楼宇间设置简易基础服务设施，利用闲置房产综合配建和增补便民商业服务设施、综合服务设施，结合居民需求因地制宜建设特殊群体助餐点、老年人日间照料中心、儿童之家等免费及抵偿服务项目等。

2. 微利可持续的运营机制

随着老旧小区改造资源紧缺性与居民需求动态性的矛盾日益凸显，单靠政府资金或一次性投资无法满足长期的运营和维护需求。针对该问题，可以通过激活闲置、低效资源的经济潜力，建立微利可持续的长效运营机制，形成自我造血功能，从而持续保障小区改造后的运营和维护。[27] 具体包括以下内容：①盘活低效闲置资源，发展多样化的商业业态，创造稳定的收益来源——闲置老旧建筑是存量资源改造的重要载体，同时也是激发居民创新潜力的重要资源；可以利用改造的闲置房产设立智能售货机、自助饮水机等小微商业设施，或改造成便民工作室，提升低效闲置空间利用效率，推动小区新业态经济增长，提升小区的房产价值和商业价值。②吸引社会资本广泛参与，破解老旧小区改造融资难题——通过低效闲置资源的经营收益及合理的政策支持，吸引社会资本持续参与老旧小区改造，打造具有可持续性收益的小区商圈和收费性服务，补贴社会资本的后续运营、维护费用。③鼓励社会资本反哺居民，建立共建共治共享新格局——物业服务企业将部分经营收益用于小区基础设施和公共服务的提升，改善居民生活环境；同时建立小区共享基金，资助居民自发组织的小区活动和公益项目，维系邻里和谐关系。此外，还应鼓励居民积极参与小区管理和服务，建立居民、物业服务企业和社会资本共同参与的合作模式，定期召开业主会议，讨论和决定小区公共事务。

3. 全生命周期的维护机制

为防止老旧小区在改造后出现整体再衰落的问题，除"改造＋服务"的运维模式和微利可持续的运营机制外，还需建立全生命周期的维护机制。物联网技术（IoT）的成熟为该机制的建立提供了有利条件。[28] 通过传感器、云计算、大数据、区块链、人工智能等 IoT 技术的合理应用，可以对老旧小区的物质空间环境数据和民情民意进行实时监测与分析，及时发现隐患，做好预防机制，规避风险。具体包括以下内容：①合理选用并部署传感器网络，建立老旧小区基础信息动态感知系统；实时采集老旧小区空气、噪声、温度等物质空间环境的动态数据，为问题诊断和社区治理提供可靠的基础数据支持。②畅通居民反馈渠道，通过新媒体平台建立线上沟通机制，利用微信群、QQ 群、公众号等平台，及时发布老旧小区改造计划和服务清单；收集居民的反馈和需求，进行动态管理和调整，确保老旧小区的物质空间环境和相关服务能够始终契合居民需求。③基于 CIM 技术建立老旧小区改造全生命周期智慧监测平台，对老旧小区内人口、房屋、设施部件与民意民情等数据进行实时处理和动态显示；及时发现和解决问题，实现老旧小区改造从"接诉即改"到"未诉先改"的转变，提升老旧小区精细化和智慧化治理能力。[29]

本章参考文献

[1]   景琬淇，杨雪，宋昆.我国新型城镇化战略下城市更新行动的政策与特点分析 [J]. 景观设计，2022(2): 4-11.

[2]   杨东.城市更新制度建设的三地比较：广州、深圳、上海 [D]. 北京：清华大学，2018.

[3]   万玲.广州城市更新的政策演变与路径优化 [J]. 探求，2022, 276(4): 32-39.

[4]   广州市人民政府办公厅关于印发广州市深入推进城市更新工作实施细则的通知 [J]. 广州市人民政府公报，2019(14): 41-46.

[5]   广州市城市更新办法 [J]. 广州市人民政府公报，2015, 681(36): 1-13.

[6]   马一楠.原创1各地城市更新流程及政策保障梳理 [EB]. 中信咨询公众号，2021-04-07.

[7]   王雄文.用足用好经济特区立法权的深圳市实践——以《深圳市经济特区城市更新条例》为例 [J]. 法制博览，2023(3):18-20.

[8]   深圳经济特区城市更新条例 [J]. 深圳市人民政府公报，2021(10):1-14.

[9]   上海市城市更新条例 [N]. 解放日报，2021-08-29(05 版).

[10]   天津市人民政府办公厅关于印发天津市老旧房屋老旧小区改造提升和城市更新实施方案的通知 [J]. 天津市人民政府公报，2021, 1370(12): 26-32.

[11]   赵科科，顾浩.基于内容比较的国内城市更新地方性法规研究 [J]. 北京规划建设，2022, 205(4): 53-57.

[12]   唐荣，卫康康，涂世琳.强区放权激发老城新活力 深圳罗湖迎来蝶变重生 [N]. 法治日报，2021-05-07(07 版).

[13]   杨振宇，李妍，陶立业.地方政府"强区放权"改革中事权承接存在的问题与机制优化——以深圳市为例 [J]. 广东行政学院学报，2020, 32(3): 26-32.

[14]   天津市人民政府关于印发天津市深化工程建设项目审批制度改革实施方案的通知 [J]. 天津市人民政府公报，2019, 1327+1328(Z2): 16-21.

[15]   湖南省住房和城乡建设厅.湖南省城镇老旧小区改造技术导则试行：湘建城〔2020〕64 号 [S]. 湖南省住房和城乡建设厅官网，(2020-04-26)[2020-09-08].

[16]   宋昆，时海峰，邹正，等.既有住宅加装电梯实践的经验与思考 [J]. 当代建筑，2020(5): 43-46.

[17]   邹正，宋昆，冯琳，等.既有住宅加装电梯可持续实施模式研究——以天津市首部加装电梯工程为例 [J]. 住区，2020(5): 26-31.

[18]   李威利.党建引领的城市社区治理体系：上海经验 [J]. 重庆社会科学，2017(10): 34-40.

[19]   解秀丽.党建引领社区治理共同体构建研究——以内蒙古库伦旗"红色领航"工程为例 [D]. 长春：东北师范大学，2022.

[20]   宋道雷.国家治理的基层逻辑：社区治理的理论、阶段与模式 [J]. 行政论坛，2017,24(5): 82-87.

[21]   李威利.从基层重塑政党：改革开放以来城市基层党建形态的发展 [J]. 社会主义研究，2019(5):127-134.

[22]   方亚琴，夏建中.社区治理中的社会资本培育 [J]. 中国社会科学，2019(7): 64-

84+205-206.

[23] 李迎生，杨静，徐向文 . 城市老旧社区创新社区治理的探索——以北京市 P 街道为
例 [J]. 中国人民大学学报 , 2017, 31(1):101-109.

[24] 赵晓芸 . 共建共治共享理念下的城镇社区治理研究 [D]. 西安：陕西师范大学，
2020.

[25] 张楠迪扬 . 政府、社区、非政府组织合作的城市社区参与式治理机制研究——基于
三个街道案例的比较分析 [J]. 中国人民大学学报 , 2017, 31(6):89-97.

[26] 黄家亮，郑杭生 . 社会资源配置模式变迁与社区服务发展新趋势——基于北京市社
区服务实践探索的分析 [J]. 社会主义研究 , 2012(3): 70-74.

[27] 戴祥玉，林冰洁 . 老旧小区存量资源改造的实践样态与运维路径——基于动态能力
理论的分析框架 [J]. 学习与实践，2024(2): 112-122.

[28] 顾琰，陈凯雯，茅明睿 . 面向城市可持续微更新实践的数字化技术创新探索 [J]. 装饰，
2023(11): 38-44.

[29] 韩青，袁钏，牟琼，等 . 基于 CIM 基础平台的老旧小区改造应用场景 [J]. 上海城
市规划，2022(5): 25-32.

第 6 章

案例专题：老旧小区改造实践案例

6.1 基于需求匹配的"租赁置换"模式——北京市真武庙五里3号院项目

6.1.1 项目概况

真武庙五里3号院位于北京市西城区月坛街道,建于1981年,建筑为4层砖混结构,建筑面积3135m²,居民56户,改造前现状居住条件较差,自住率仅为49%,居民主要为从事快递、餐饮业的租户。所在小区紧邻金融街、西单商圈,周边教育、医疗、文化资源丰富,附近大量金融街就业人才有租房需求,但院内楼体外立面破损、基础设施老化、公区空间缺失、私搭乱建、专业物业管理缺失等问题难以满足此类人群的租住需求,租房供给与产业需求错配严重。[1、2]

为改善真武庙社区原住居民居住现状,并满足金融街就业人群就近居住需求,西城区住房和城市建设委员会引入社会资本愿景明德(北京)控股集团有限公司(以下简称"愿景集团"),深度挖掘城市更新工作中政府与居民的切身痛点,积极探索了社会资本参与老旧小区改造的创新解决方案,形成了以党建引领协同共治为基础、以促进老旧小区善治为目标、以租赁置换需求匹配为核心、以银企共保资金安全为保障的集中式、共生型租赁社区建设范式。

项目针对老旧小区中硬件条件落后、居住人群与地段错配等典型问题,结合社区环境、居民诉求、周边情况等因素,以物业服务为切入点,通过租金置换、改善置换、养老置换等多样可选的置换方式,获取房屋长期运营权,实施整体更新改造、长效运营等核心动作,达到老旧小区硬件更新、服务提升,助力区域人口结构优化、职住平衡等效果[3](图6-1)。

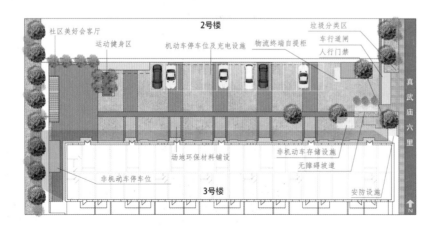

图6-1 真武庙社区改造后平面图
(图片来源:作者根据愿景集团提供资料绘制)

6.1.2 以党建引领协同共治为基础

"政府支持，社会参与"的创新工作机制。项目推进过程中，西城区住房和城乡建设委员会、街道和社区等多次召开会议、协调引导，聚焦小区改造问题，帮助解决实际困难。西城区住房和城乡建设委员会与街道居委会、愿景集团协商设计方案、处理施工手续等。[3] 与此同时街道、社区发挥党建引领、"吹哨报到"的作用，推进基层党建和社区治理，引领物业服务管理。项目先后开展两轮居民意愿调研，2020 年 8 月 6 日，在社区居委会的组织下开展更新改造方案居民代表意见征询工作，获全体参会居民一致同意；同年 8 月 13 日至 15 日，进行设计方案院内公示，项目组提供现场讲解及电话和通过微信朋友圈线上展示渠道，以确保全体居民知晓并了解改造方案。

6.1.3 以促进老旧小区善治为目标

公共空间环境改造在充分调研居民需求基础上，对院内公区进行修缮升级，粉刷清洗楼本体、规整线缆和空调机位、修复楼内下水和屋面防水、更换护栏、设置人车分流智能门禁等。此外，室内居住空间紧凑、室外公共空间缺乏是难点，住户反映日常招待、社区活动空间有限。项目采取物质空间环境与居民精神生活双向共生的改造方案，体现了该模式下多方主体在老旧小区改造中对人文关怀的重视与期盼。项目除同时规划了院内停车位，增设户外晾衣、电动车充电、智能快递柜等配套设施，还基于居民诉求在院内公共空间布置小型集装箱（图 6-2），打造集社区活动、邻里聚会于一体的美好会客厅，为居民公共生活带来极大幸福感（图 6-3）。

6.1.4 以租赁置换需求匹配为核心

西城区地处北京核心区，享有社会配套资源的优势条件，因此大部分居民仅希望改善居住条件却不愿出售房产。针对上述问题，中国建设银行北京市分行、中国建设银行建信住房服务有限责任公司（以下简称"建信住房"）充分发挥住房租赁战略优势，与愿景集团共同提出了"产权不改变"和"自愿置换"两个重要前提，探索出了租赁置换、更新改造、专业运营"三步走"方案，助力改善老旧小区房屋质量，优化区域居住平衡（图 6-4）。

首先，"租赁置换"通过创新租金置换、改善置换、养老置换等多样化方案，

图 6-2   改造前后对比图

（a）改造前线缆有安全隐患；（b）规整线缆和空调机位；（c）利用低效空间加装电动自行车充电棚；
（d）路面平整及规划合理的停车位；（e）楼道改造清除了凌乱的小广告，加装了公告栏、便民扶手
（图片来源：由愿景集团，提供）

图 6-3   公区内规划出集社区活动、邻里聚会于一体的美好会客厅

图 6-4　老旧小区"租赁置换"模式与流程

获取到老旧小区房屋长期租赁权并对业主进行妥善安置。"租金置换"针对获取租金为主要需求的业主，按照房屋市场化租赁价格向业主支付租金；"改善置换"针对有改善居住品质需求的业主，通过租赁平台提供稳定的改善置换房源，辅以免费找房、搬家、保洁等增值服务；"养老置换"针对有与子女同住或养老服务需求的老年业主，提供子女居住小区内可选房源或丰台、房山、海淀等地区不同档次的合作养老机构，并协助业主签订长期服务协议。其次，房屋签约后，愿景集团将置换出的房间更新改造为设施齐全的人才公寓，以与周边市场相当的租金出租给适配人群，并将部分收益用于小区公共区域的改造提升，如安防设施完善、楼道线缆规整、屋顶防水重新铺装、公区功能合理规划等，满足周边就业人群职住平衡的租房需求。最后，专业运营阶段通过基础物业服务叠加公寓专业管理的双重服务体系，为在住居民和新租客提供完善的服务内容，在保证社区安全、便利的前提下，通过举办"亲子""敬老""健康""创意"等主题系列活动，增强邻里感情，激活社区文化，助力提升基层社区治理水平（图 6-5）。

该模式一方面解决了居民需求与小区地段错配的问题。小区内原本的高龄老人找到了向阳、面积大、养老设施更方便的住所，而置换出的房间经重新装修，不仅住起来更加温馨舒适，更杜绝了"群租"风险，吸引了许多附近商务区就业的年轻人。另一方面，促进了小区人口减量和优化。目前已签约的 20 套房

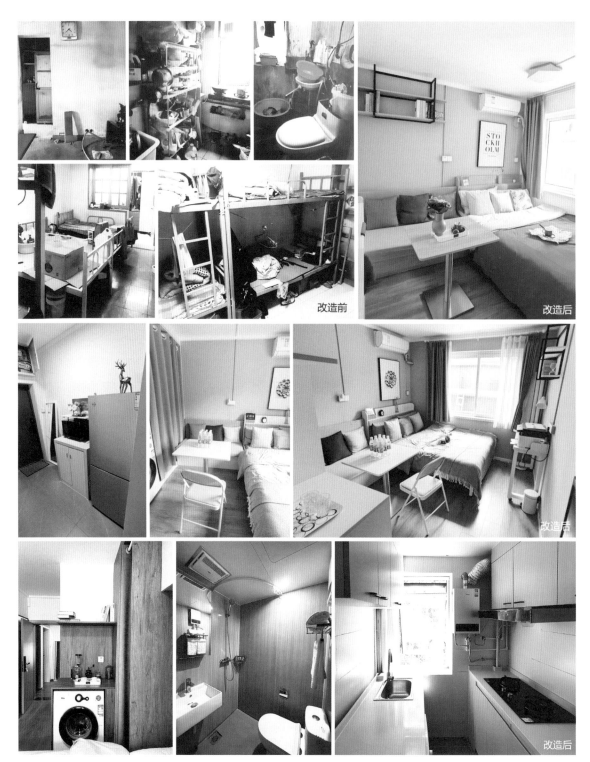

图6-5　通过"租赁置换"实现了居住品质的提升
（图片来源：由愿景集团，提供）

屋中原有居住人口约 90 人，其中 6 户为居民自住，14 户为出租。出租房屋中有 6 套为群租房，最多一套居住了 10 人。通过"租赁置换"，20 套房屋中常住人口约 50 人，减少约 40 人，套均居住密度为 2 ~ 3 人。同时置换后小区老龄人口数量降低 14%，做到了小区人群结构的优化提升。此外，促进了片区职住平衡。通过与金融街服务局等企业客户的深度合作，结合渠道打通、产品定制等方式，优先服务于辖区人才，实现就近居住，增加人才对区域的归属感。目前在住租户 80% 为周边金融街白领及医疗从业者，20% 为家庭陪读客户，在降低居住密度的同时助力区域职住平衡。

6.1.5　以银企共保资金安全为保障

　　租赁置换模式的顺利实现与金融模式创新密切相关。项目提出了"疏整促，双提升"[①]创新金融模式。建信住房发挥资金优势，与愿景集团对项目租赁改造进行合作，在有关部门的大力支持下，以突出改造和置换联动为主要措施，以市场化租赁为主要手段，以租赁运营收入为主要盈利点，创新了社区公共空间改造成本和运营成本的长期平衡的老旧小区改造的"微利可持续"模式。真武庙社区改造项目作为创新试点，由愿景集团自投，目前总投资为 600 万元，其中公区改造投资 300 万元，户内改造投资 300 万元，整体运营周期为 10 年，资金回收期约为 8 年，保证了项目的"微利可持续"，实现"改管一体"的长效服务。[4]

　　此外，中国建设银行北京市分行立足老旧小区改造痛点，发挥国有银行的金融及住房租赁优势服务民生，在改造过程中探索出了"城市更新 + 住房租赁"的新金融服务模式，助力核心区实现人居环境和城市品质整体"双提升"。具体为中国建设银行通过资产证券化方式为实施主体愿景集团提供长期房屋租赁类贷款，贷款期限 5 ~ 8 年，贷款将项目后续租金收入折现为底层资产，房主可一次性拿到多年租金，从而减轻支付租金的负担，改善项目的现金流状况。[3、4]

---

① 2017 年，北京市出台了《关于组织开展"疏解整治促提升"专项行动（2017—2020）的实施意见》（京政发〔2017〕8 号），"疏解整治促提升"专项行动，以习近平新时代中国特色社会主义思想为指引，是落实京津冀协同发展战略和北京市新版城市总体规划、推动城市高质量发展的重要抓手。以疏解非首都功能为牵引，将疏解非首都功能、城市综合整治和优化提升首都功能打捆推进。"疏解整治促提升"专项行动中，疏解、整治是手段，提升是目标。

6.1.6　项目实践经验总结

项目在北京市率先打造出老旧小区改造与建设新型租赁社区相结合的创新模式，为环境与地段错配、人群与地段错配的老旧小区打造为安全便捷、服务提升、人群结构合理的新型全龄租赁社区提供了可复制、可推广、可持续的改造范例：①创新了租赁置换改造模式，满足了原住居民欲改善居住条件"出"的需求；②提升了老旧小区居住环境，实现了金融街就业人员就近居住"入"的需求；③降低了改造后居民投诉率，解决了项目属地政府、街道、社区的"痛"点；④实现了项目的微利可持续，实现了社会资本"盈"利需求，缓解了资金压力；⑤创新了老旧小区改造模式，助力了政府实现核心区"双控四降"和"疏整促"目标"促"的要求。[5]

6.2　适老化改造的可持续实施模式——天津大学六村既有住宅加装电梯项目

6.2.1　项目背景

当下，老年人的居住问题日益凸显。[6]据统计，天津市是继上海市、北京市之后第三个进入深度老龄化的城市。据天津市住房和城乡建设委员会初步统计，目前天津市 4 层以上多层无电梯住宅多达 3.7 万幢，若按照楼门门洞统计则有 10 万余个门洞。因此，老旧住宅加装电梯，解决老龄人口的居住问题，引起天津市政府的高度重视。2015 年 11 月，宋昆教授科研团队（以下简称"科研团队"）着手推动天津市既有住区加装电梯工作。示范项目选取天津大学六村 25 号楼 4 门是天津市首部既有住宅加装电梯工程，也是社区适老化改造的可持续实施模式的创新载体。

6.2.2　工作方式概述

天津大学六村既有住宅加装电梯项目分别从上层推动政府出台政策、中层主持编制技术导则、下层深入社区调研宣传三个层面同时开展。

1. 推动政府出台政策

为引起市政府对老旧小区加装电梯工作的关注，2016 年 1 月，科研团队通过天津市政协委员向天津市两会提交了《关于政府助力老旧社区多层住宅加装电梯，改善养老环境的建议》的咨政建议，从明确主体、简化审批、政策扶持和推动试点四个方面提出了建议。由于加装电梯工程实施过程中涉及设计、施工、报建、资金筹措、运维管理等诸多环节的问题，还需要业主、居委会、街道和相关管理部门的多方支持与配合。因此，建议政府出台政策文件，指导各部门、在实施过程各环节发挥应有作用；建议在保证安全性的基础上尽量简化加装电梯的报建审批环节；加装电梯的费用相对于老年人的退休金而言，也是一笔不小的投入，为了提高业主参与的积极性，建议政府给予一定的奖励性补贴；建议政府先行选择部分条件合适的小区，开展既有住宅加装电梯试点工作而后在全市推广经验。

2016 年 4 月，天津市政府责成天津市住房和城乡建设委员会、财政局和国土资源和房屋管理局既有房屋管理处对此提案分别给予答复。答复意见一致认为既有多层住宅加装电梯是必要的，也是可行的；同时也指出用户意见难统一，工作开展阻力大等困难；并提出相关部门应相互配合，承担相应管理职责的建议。同年 5 月 16 日，《2016 年国土房管局代表建议办复情况意见征询表》指出："尽快出台本市'既有多层住宅增设电梯的指导意见'，为后续工作顺利展开提供法律依据。"此后，由天津市住房和城乡建设委员会牵头，经多方调研、论证，于 2019 年 8 月 8 日，天津市七部门联合印发了《天津市既有住宅加装电梯工作指导意见》（津住建房管〔2019〕50 号）。

2. 主持编制技术导则

2016 年 5 月，科研团队向天津市住房和城乡建设委员会提出申请编制"天津市工程建设标准"，经多方征求意见和反复修改，于 2018 年 10 月 1 日正式发布实施《天津市既有住宅加装电梯设计导则》（以下简称《导则》），成为继浙江省、上海市、青岛市和南京市之后第五部关于既有住宅加装电梯的地方性技术标准。科研团队还与国内有关电梯生产厂家合作研发装配式、经济实用型电梯，以适合既有住宅加装使用。《导则》编制的基本原则是在保证安全的前提下简单易行。安全性主要是指结构安全和消防安全。目前，我国未安装电梯的既有住宅主要是建于 2000 年以前的城市多层住宅，基本为砖混结构形式。而加装电梯的井道主要采用钢结构或钢筋混凝土框架结构两种方式。其中钢结构因结构形式简单、安全性强、施工便捷而成为首选。由于建筑主体与电梯井道的结构形式、建设年代存在差异性，两者之间不适宜采用刚性连接。为避免电梯井道的荷载传递给主体建筑而影响原有建筑的稳定性和安全性，《导则》规定电梯井道的结构与基础要自成体系，只与主体建筑实施软连接，从而保证两者在外观上的整体性。

对于消防安全问题，《导则》要求加装电梯井道突出原建筑后不能阻挡建筑外部原有消防通道，且不能妨碍建筑内部的消防疏散，针对加装电梯平层入户的方式，电梯候梯厅与住宅楼梯不相连，电梯发生故障后救援人员无法通过楼梯抵达受困人员所在位置的问题，《导则》建议在住宅楼梯休息平台与电梯候梯厅之间以爬梯相连，救援人员通过楼梯间的窗洞进入候梯平台，可视之为救援通道。

3. 深入社区调研宣传

科研团队在天津市南开区、河西区、和平区、河东区等具有加装电梯条件和意愿的既有住宅小区进行访谈和问卷调查，收集了大量一手资料，同时向业主进行宣传和解释工作。该活动引起《天津日报》《中老年时报》《每日新报》、天津广播电视台、天津网络广播电视台及网络媒体等关注并加以宣传报道（图6-6）。2017 年 9 月 15 日，《天津日报》首次对科研团队的加梯工作进行了报道，引起了社会各界对于老旧小区既有住宅加装电梯工作的普遍关注。《中老年时报》自 2017 年 9 月初，对加装电梯工作进行了 16 篇的连续跟踪报道，既采访报道了专家、业主、主管部门、电梯公司等的意愿和意见，也对科研团队在《导则》编制、示范工程过程中所开展的专家论证会、学术研讨会、现场办公会等工作全程跟踪报道。媒体将加装电梯的相关知识和难点传达给更多的居民业主，从而得到更广泛的理解和关注。

在调研和宣传过程中，科研团队不断接到业主的咨询电话，并有业主登门拜访，大多表达了对加装电梯的强烈愿望，但都因对政府的支持力度、加装电梯的安全性、造价和成本分摊、后期维保等原因，以及工作如何着手、怎样申报、找谁建设等程序问题，无法具体落实。为使加装电梯工作能够得以实施，科研团队向天津市南开区的主管区长提出在南开区开展既有住宅加装电梯试点工作的建议。此建议得到区领导的大力支持，并借鉴其他城市的经验，决定对每个示范项目提供 20 万元的财政补贴。另外还在南开区住房和建设委员会下设立专门的加装电梯办公室，负责协调加装电梯的报建事项，并探索如何简化报建程序。南开区的做法得到了天津市住房和建设委员会的认可，并将财政补贴和简化程序的意见写入了《天津市既有住宅加装电梯工作指导意见》（津住建房管〔2019〕50 号）中。

图 6-6　既有住宅加装电梯居民访谈、问卷调查和科普宣传

6.2.3　工程实施过程

加装电梯工作实施过程的最大难度在于统一楼栋全体业主意见，尤其是"底层困境"的问题，即如何使不受益的一、二层楼业主同意并签字。具有加梯意愿的楼栋在实施过程中，绝大多数都止步于签字环节。

1. 建设单位委托

热心业主与承接加装电梯业务的某电梯公司取得联系，委托该电梯公司作为该楼栋的加装电梯工程的实施主体，并于 2018 年 12 月与该公司签署《既有住宅加装电梯授权委托书》。2019 年 1 月开始，由所在街道牵头，区加装电梯办公室、加梯公司与科研团队的专家共同商议推进加梯工作。实施主体组织进行加装电梯的方案设计和投资预算。业主最终确定采用平层入户的加梯方案（图 6-7），然后商议各楼层出资的比例，以及后期维保的资金分摊方式，并在街道负责人员的组织和监督下签署《既有住宅加装电梯出资协议书》（图 6-8、图 6-9），然后进入设计与施工审批程序。

2. 工程建设审批

工程项目审批主要包括工程建设许可和施工许可两个阶段。按照常规程序需要提供大量审批要件（可参考第 5 章相关内容）。但在审批过程中会遇到两

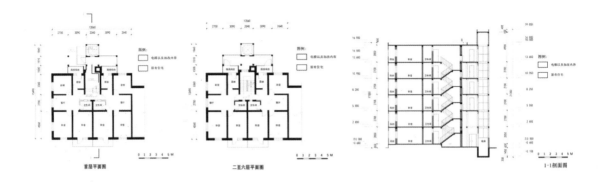

首层平面图　　　　　　　　　　二至六层平面图　　　　　　　　　　　　1-1剖面图

种瓶颈情况：第一种，作为既有住宅改造的项目，主体建筑的原始设计资料缺失，无法按照现行审批要求备齐而进入审批程序；第二种，作为新生事物，虽然宏观政策已明确简化审批程序，但在无先例可循情况下，只能边施工、边论证、边审批，经过半年多的论证与磨合，项目最终探索出一套简化的行政审批程序，于 2019 年 7 月 29 日正式开工建设。

3. 工程施工建设

　　加装电梯工程的施工过程包括：基础施工与地下管道改造、电梯井道与连廊的建设和电梯安装调试三个阶段。整个施工过程难度最大的是地下工程。因为原有的工程图纸缺失，且地下管道已经过多次改造而未保存图纸资料。对于地下管网的情况只能边勘测、边施工，既影响了施工的难度和进度，且经常发生不可预测的跑漏情况。地下工程历时 1 个多月，2019 年 9 月 6 日完成基础验收工作（图 6-10）。由于工程实施主体的电梯公司采用将电梯井道与电梯合为一体的装配式，所以加梯的主体工程相对快捷（图 6-11）。2019 年 9

图 6-7　天津大学六村 25 号楼 4 门加装电梯方案平面、剖面图（上图）

图 6-8　业主正式签署项目协议（下左图）

图 6-9　业主协商设计方案（下右图）

图 6-10　基础验收（上左图）

图 6-11　井道安装（上中图）

图 6-12　验收启动（上右图）

图 6-13　加装电梯建成启动仪式
（下左图）

图 6-14　居民使用加装电梯（下
右图）

月 26 日，土建工程整体完成，进入后期装修、调试和验收阶段。10 月 25 日，电梯验收合格，并举行建成启动仪式（图 6-12、图 6-13）。电梯建成并启动后运行效果良好，较大提升了居民生活的便捷程度（图 6-14）。

6.2.4　项目经验总结

天津市第一部既有住宅加装电梯的建设过程，存在诸多问题和卡点，以下经验可供既有住宅改造项目的推进和实施参考。

1. 明确投资主体

我国对于老旧小区改造工作的投资主体、实施主体一般都由城市各级政府承担。但这些都限于危漏房改造、棚户区改造、基础设施更新等"雪中送炭"式的民生工程。以改善居住生活质量为目的的加装电梯工程属于"锦上添花"式的完善类工程，因此政府不应该作为投资、实施主体，应该还权于业主，放权于市场。以业主为加梯工作的投资主体，由业主委托相关企业作为实施主体，依托市场行为推动加梯工作。政府从具体事务的参与者转变为法规政策的制定者、社会矛盾的协调者和具体事务的监管者。为了推动和鼓励加装电梯工作的有效开展，政府可运用经济杠杆，早期开展的示范工程给予一定财政补贴。

2. 统一业主意愿

一个楼栋能否统一思想，首先取决于该楼栋是否有加梯意愿强烈而又乐于奉献的热心业主。2018 年初，天津大学六村某楼栋的热心业主从新闻媒体中看到关于加装电梯的宣传报道，就开始在该楼栋中挨门挨户做说服解释工作。经过反复努力，于 6 月全楼栋业主签署了《既有住宅加装电梯业主意愿书》。业主之间的意愿统一既包括底层业主与上层业主之间的意愿，也包括上层业主之间的意愿。加装电梯后，底层业主不受益或利益受损、楼上各层业主受益程度和资金分摊比例之间都会产生矛盾。参照我国《中华人民共和国民法典》中的规定，各省市在加装电梯指导意见中都要求"本楼栋专有部分占该范围内建筑物总面积 2/3 以上且占总人数 2/3 以上的业主同意"。同时为了避免建设过程中发生邻里纠纷，后面追加一条"其他业主无明确反对意见"，实际含义为要求楼栋中全体业主同意签字，因此实施难度较大。对底层业主给予一定的利益补偿更符合利益均沾的原则，而对于底层业主补偿的额度、楼上各层资金分摊比例则由本楼栋业主自行商定。

3. 简化审批程序

常规的新建工程建设项目的审批程序涉及政府职能部门多，包括规划、建设、消防、质检及其他相关部门。若加装电梯行政审批程序依照此流程推进，一般需要历时半年至 1 年。由于加装电梯在政策及法规层面上的特殊性，工程量和难度都很小，且由普通居民自行投资实施，减少审批环节可降低时间成本，促进民生项目顺利实施，从而产生大量的社会效益。

在天津市第一部既有住宅加装电梯的经验中，可以采用 3 个 1/2 进行概括：加装电梯全过程的 1/2 工作难度是统一业主的意愿，剩余部分的 1/2 工作难度是工程项目审批，再剩余部分 1/2 的工作难度是地下工程施工，其余的电梯井道、连廊的设计、施工和电梯的安装调试等工作相对成本与难度均较低。总而言之，老旧小区中既有住宅加装电梯工作全面推广的难度较高，其难点不在于资金与技术，而在于人的观念。

6.3　基于运营服务内容创新的改造模式——杭州市采荷街道未来社区

6.3.1　项目概述

　　采荷街道位于杭州市上城区，毗邻钱江新城核心区，北至庆春东路、南至杭海路、西至贴沙河、东至新塘路，辖区面积 5.5km²，总人口约 11.35 万人，不仅有大型居住区，还有中国服装第一街，连接起钱江新城与武林商圈，其中居住区大多为单位房和房改房，是典型的城市老旧社区。相较于传统社区更新项目，采荷街道管理面积庞大，人口结构复杂，下辖的 16 个社区，有超过 36 个小区建于 20 世纪 80、90 年代，由于建成年代久远，设施安全性能较差，物业失管，且尚未安装电梯，老年居民群体上下楼困难，面临着巨大的改造难题。

　　采荷街道以"未来社区"建设为目标，采用政府、业主和物业服务企业三方协同合作方式，在不增加居民物业费和政府财政负担前提下，引入物业服务企业参与街道管理运营，将所有小区纳入"大物业"的管理体系，探索改造模式，为全国的社区改造提供了模式参考[7]（图 6-15）。

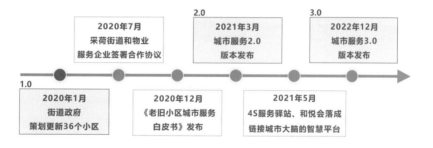

图 6-15　采荷模式的诞生和发展示意图

6.3.2　项目实践经验总结

1. 党建引领，基层治理

　　在社区改造过程中，为动员多方主体积极参与，协助解决老旧社区物业管理问题，上城区政府通过党建引领的方式，将基层工作人员派驻采荷街道，组成专业服务团队，并发挥治理助理员、企业服务网格员和群众服务办事员等角色的协同作用，通过成立"社区小分队"创新社区治理内容，制定包括公共保洁、公共秩序、公共绿化、公共安全、垃圾分类、防违控违、公共维护、公共服务、生态环境、应急保障十大类百余项基础服务职责清单，并根据小分队成员的专业特点，将其分成两个工作小组，结合区政府的"助万企、帮万户"政策，把洁莲、红菱、江汀三个社区列为先行试点。同时，与区政府牵头的区级服务小分队对接，明确共同目标，各有侧重地开展工作。一个小组走访规模以上企业、市场管理层、经营户，重点关注社区经济与产业的发展；另一小组走访社区、居民、人大代表，重点关注社区治理与民生实事。在社区治理方面取得了突出成效，累计走访采荷街道辖区企业 91 家，社区 16 个，协调推动解决问题 98 个。此外，"社区小分队"协助政府开展《杭州市居住区配套设施建设管理条例》执法检查、《物业管理条例》修订、居家养老服务设施建设（图 6-16）、无障碍环境建设、民生实事项目督查等职能性工作，并倾听居民切实的渴望与诉求，将居民意愿归类整理并交付街道等有关部门，推动社区共建共管共享。

图 6-16　社区住宅加装电梯后实景图

2. 政府引导，企业运营

　　由于我国老旧小区在建成时间、产权构成、地域文化等方面存在较大差异，其改造后的管理和治理模式因社区情况各异。[8] 采荷街道政府针对街道本身的治理现状，采取政企合作老旧社区治理模式。一方面，协调土地、城建、民政等相关部门，统筹推进老旧小区综合改造和公共区域的物业管理；另一方面，争取区级政府的政策支持，以推进老旧小区的综合改造和物业服务工作。由于采荷街道各社区亟须改造的工作量很大，居民对高品质的物业服务也有一定的需求，单纯依靠以政府为主导的准物业管理模式不可持续，采荷街道在政府的引导下，采取引入社会资本的方式，由社会资本组建项目公司。项目公司以自有资金投资增设停车场、完善公共服务配套、搭建智慧门禁等改造内容，推动社区品质整体提升，而后续的物业管理、政府补贴、服务收费、商业收费等行为所形成的收益归项目公司所有，保证了社会资本的平衡与可持续（图 6-17）。

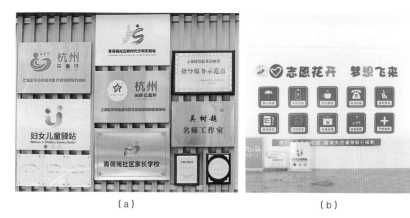

（a）　　　　　　　　　　　　　　　　　　　（b）

图 6-17　多元企业主体参与社区
治理
（a）运营服务内容；
（b）社区服务中心；
（c）社区互助公益活动；
（d）积分兑换物品服务

（c）　　　　　　　　　　　　　　　　　　　（d）

在项目具体运营过程中，采荷街道从居民实际需求调研切入运营服务，让
单一业主社群活动向街道多元文化活动进化，通过广告位运营、停车费收取、
社区配套用房运营等方式平衡资金。在保障老旧小区九项基础服务（公共保洁、
公共秩序、公共维护、公共安全、垃圾减量分类、微偿服务、河道管理、防违
控违）的基础上进一步降低成本，提升服务标准，实现通过管理提升居民生活
品质的目标。

3. "问题清单"专项整治

停车难、空间小、违建多等问题一直是采荷街道社区改造过程中的痛点难
点，街道根据社区改造问题清单，提出设计、建设与运维等方案（图6-18）。
如针对社区空间狭小问题，在改造过程中，按照"科技减人增效、规模提质增
效、标准规范增效、突破保障实施"的总体改造思路，通过腾挪、提升、修建、
改造四线并进等改造工作，新增社区配套空间 2000m³。在"以幸福为目标、
以邻里为尺度，用'坊'承接特色场景"的理念引导下，针对邻里关系淡漠、
精神场所及情感归属的缺失等社区特色营造重点难点，街道统筹 30 余家单位

（a）

（b）

图 6-18　改造前社区问题示意
（a）空间低效；
（b）管线凌空
（图片来源：社区宣传栏）

图 6-19　改造后"幸福邻里"实景图

图 6-20　改造后居民交往空间实景图

资源，整合街区 20 余个阵地，嵌入式打造"荷湾特有爱·幸福邻里坊"，构建全天候、全年龄段可享的公共服务圈层（图 6-19、图 6-20）。

4. "分级分层"协同治理

采荷街道社区布局相对分散，管理往往形成"各自为政"的局面。街道创新调整治理层级的方式，将社区物业管理转变为"街道——片区——物业"协同治理，片区内实行合署办公，物业服务企业和居委会联动，空间与数据互通等治理机制，并为每个片区设置不少于 20 人的机动力量，形成创新综合管理服务的协同模式。此外，通过社区托底及物业市场化服务相结合的方式，将已有的老旧小区进行整合及统一管理，为居民提供更高效、更优质的物业服务。

6.3.3　社区治理特色——培育"社区合伙人"

采荷街道以未来社区建设为导向，通过挖掘梳理社区资源、培育赋能"社区合伙人"，着力提升社区服务与治理品质，有效破解共享空间匮乏、公共服务供给不足、社区行政负担较重、居民参与公共事务积极性不高等城市老旧社区治理难题，探索多元共治社区发展新路径。[9]

1."聚荷力"发掘社区合伙人

采荷街道通过培育包括党员骨干合伙人、商企合伙人、公益慈善合伙人、居民志愿合伙人、社区邻里合伙人等多类型社区合伙人，探索了多场景的未来社区服务与治理的社区合伙人参与形式，为采荷街道未来社区治理共同体带来了多重空间、线上线下、多类型的社区服务内容，显现了社区合伙人助力社区治理共同体建设的优势。同时，打造丰富多样的合伙项目，为"社区合伙人"发展壮大提供动力支持。通过不断挖掘社区优质资源，实施"金牌管家"大物业、"采善公益红盟""指尖非遗　共学传承"非遗传承进社区等项目（图6-21），为街道探索未来社区建设发展提供了人人参与、人人尽责、人人共享的可持续动力。

2."助荷乐"培育社区合伙人

采荷街道一方面推动建设社区合伙人服务与政府公共服务融合，打造未来

图 6-21　社区"指尖非遗　共学传承"活动场景
（a）书法社群为社区居民写春联；
（b）剪纸社群为社区居民剪窗花
（图片来源：社区宣传栏）

（a）　　　　　　　　　　　　　　（b）

图 6-22　"社区合伙人"多元活动组织

健康项目。其中，芙蓉社区与杭州市、上城区红十字会、浙江大学医学院康复医学研究中心深度合作，开发"博爱家园""城市康养智慧屋"等创新项目，为居民提供健康服务。洁莲社区联动燕谷坊集团、街道残疾人之家，为居民提供暖心粥、公益健康课堂等惠民服务，为残疾人提供就业岗位，居民合伙人参与可获得积分兑换礼品。另一方面构建社区合伙人服务与商企暖心服务的融合路径，探索未来创业愿景。通过引进宋都物业和瑞生活实行"金牌管家"大物业服务，实现专业物业低收费高标准服务，率先在浙江省发布《老旧小区城市服务白皮书》规范老旧社区物业服务标准，借力物业公司分担社区公共职能，通过"物业加微商业"的模式，实现社区减负增效。双菱社区通过引进媒体"范大姐帮忙团""银色家园"等商企项目，以"公益＋低偿＋市场"模式运营社区公共空间，提供公益服务（图6-22）。

　　同时，社区与杭州市采荷第二小学，以及企业中国移动联合开发了共享教育云平台，构建了集"今日防疫、班级课程、体育达人、红色党建"等要素于一体的"采二大脑"，通过创建社区合伙人与专业化服务相融合的创新型路径，开启未来教育项目引擎，为社区居民提供优质均衡的教育服务。此外，采荷街道还组建了红菱社区"夕阳残红"、洁莲社区青年志愿服务队、双菱社区"贴心小菱"、芙蓉社区"红叔红姨"等志愿互助队，一方面，发动社区居民为高龄独居老人、残疾人、特困人群等社区弱势群体提供结对帮扶服务；另一方面，通过组织社区邻里坊骨干参与街道公益创投项目，为特困家庭提供安全隐患排查项目服务，并建立了居民信息"一户一档"档案管理制度，为科学精准提升居民住宅环境的安全性提供支撑和保障。

3. "创荷协"赋能社区合伙人

　　运用数字平台进行智慧化探索，线上利用"和瑞生活""邻里E家"等网络平台，线下依托社工及邻里坊坊员走访机制、公益创投发布等实体平台，赋

（a）　　　　　　　　　　　（b）　　　　　　　　　　　（c）

图6-23　"社区合伙人"协同参与治理
（a）"红荷荟"——讨论解决社区停车难；
（b）"小荷早餐会"——商议儿童友好方案；
（c）"荷悦圆桌会"——评价社区改造效果
（图片来源：社区宣传栏）

能"社区合伙人"协同合作参与治理。一方面，通过"和瑞 2.0""邻里 E 家"等线上平台和社区邻里微信群，在线招募发布、合作管理，推动居民参与，链接社区、物业、居民、商企、社会组织等多方主体，撬动多元合作，赋能社区合伙人协同参与行动机制，增强社区合伙人的社区联结（图6-23）。

另一方面，完善社工及邻里坊走访机制，建立多层次的"社区能人资源库"，把线下走访的问题回应与资源库能人线上线下参与结合起来，增强社区能人的社区影响力和社区参与行动的意愿，增加居民合伙人参与社区服务与治理。此外，完成街道购买社区合伙人服务项目 13 个，推动"社区合伙人"公益创投项目的线上运行机制，建立以"政府扶持、社会承接、专业支撑、项目运行"为特色的社区与社会组织联动服务机制，发挥服务与治理的倍增社会效应，扩大影响力，推动社会公益合伙人项目的社区融入，赋能社会公益合伙人融入社区服务与治理。

6.3.4　社区服务特色——引入"物业大管家"

针对采荷街道的物业管理现状，物业服务企业入驻采荷街道与街道政府进行全面协调，成立"金牌管家"物业联合党支部，全面负责老旧小区的环境整治和提升工作。通过定期召开会议、研讨专题等方式，加强党建工作，凝聚力量，提高工作效率，形成社区更新运营模型（图6-24）。

为保证服务质量，一方面，街道党工委统筹，推动社区党委、小区党委和物业党组织通过组织联建、小区联心、事务联商、会议联席、项目联审、服务联做、应急联动、管理联合、问题联治、成效联评"十联"行动，实现三方协同，确保问题及时处理、服务有效提质，通过三方协同，收集群众意见建议，实现群众需求第一时间有回应，有效解决旧改民生问题。[10]另一方面，创设红色楼道，全域组建党建共建市场攻坚共治联盟，促进功能、力量、资源"三融合"，实

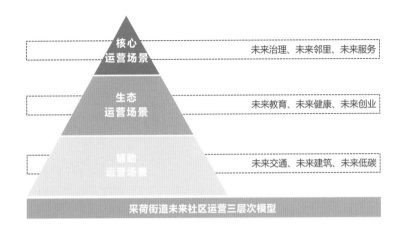

图 6-24　采荷街道未来社区运营
三层次模型

现人员资源综合调度、突发情况街域联动、服务供给圈层互补，实现火情警情、交通事件、矛盾纠纷、拥堵指数"四下降"。推动"金牌管家"与街社、辖区"同心圆"单位共同助力基层治理，形成特色化样本，实现融合共治。此外，坚持"同步改造提升、同步服务提升"，整合 60 余个社区服务便民点 6 项便民服务，为群众提供优质服务万余人次。如与红十字"博爱家园"合作，所有员工持证上岗，打造"救在身边"物业服务，成功挽救轻生女孩等紧急情况，实现服务共享。

　　采荷街道以建设未来社区试点为导向，注重社区的智慧化改造升级，街道政府和物业服务公司针对原采荷街道外来人员管控、问题反馈不及时、电动车库管理、"乱拉乱搭"管理等一系列社区原生问题，提出 1 个联合指挥中心 +3 个综合服务平台 +N 个应用场景落地的"1+3+N"数字化智慧管理路径，实现线上线下齐发力，提升管理效率，并以"平台 + 人工"模式，融入"城市大脑"，逐步打造"智慧中脑"，建设智慧监控、车辆管理、智慧消防、人员管理、智慧物业等五大系统，用技术减人员，变管理为"智理"，仅车辆入口的秩序维护员就缩减 12 人，近 50 起应急求助的及时处置率达 100%（图6-25）。

图 6-25　融入"城市大脑"的社
区智慧管理系统

通过启用"金牌管家"在线管理服务平台，采荷街道还为居民提供居家养老、代购代买、暖心出租等 20 余项云服务，引导群众和单位群防群治、共治共享，以智慧化、智能化管理路径促成多元治理格局。

6.4　基于利益共生与金融模式创新的改造模式——成都市抚琴街道西南街社区

6.4.1　项目概述与成果

抚琴街道西南街社区，位于成都市金牛区老西门，社区占地面积约为 0.54km²，常住人口约 3 万人，共有小区 89 个，其中 86 个是典型的老旧小区，改造前社区内路网结构虽基本完善，但居住区内部巷道拥挤狭窄，存在着较大的出行安全隐患，各类设施设备年久失修，地下管网破损严重，违章搭建较多，公共配套缺失，居民的改造需求强烈。

在国务院办公厅发布的《关于全面推进城镇老旧小区改造工作的指导意见》（国办发〔2020〕23 号）的政策引导下，成都市金牛区区政府在"以人民为中心"的理念指导下，以"成都市一环路市井生活圈"构建为宗旨，探索了"社区大党委——社区党支部——邻里党组织——街巷楼栋长"四级组织体系（图 6-26），通过充分发挥党群关系，精准找准社区党建工作薄弱环节，组建了建制性、兼合式的 51 个邻里党组织，实现了城镇老旧小区改造政策宣传、沟通服务等环节在老旧小区改造中的全面贯彻。[11]

改造前通过采取坝坝会（居民代表现场商议）、商家座谈会等方式，收集

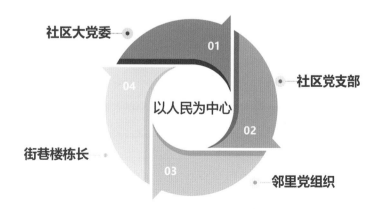

图 6-26　"四级组织体系"示意图

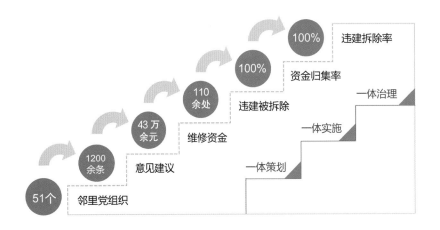

图 6-27　实行一体化改造机制后取得成效示意

了 1200 余条居民群众的意愿诉求和意见建议，通过划分党员包片责任，形成了"党员引领做群众工作、群众自发做群众工作"的局面，最终筹集了维修资金 43 万余元，拆除了 110 余处违建，实现了"维修资金归集率 100%、违建拆除率 100%"的改造目标。[12] 项目通过"一体策划、一体实施、一体治理"的创新型组织方式和工作机制有效整合了党组织力量，提高了居民的参与度，推动了老旧小区改造项目的顺利进行，在社区设施完善，社区记忆传承，以及社区空间活化等方面积累了典型实践经验（图 6-27）。

6.4.2　完善各类设施，提升环境品质

项目改造过程中充分发挥党工委的"统揽、统领、统筹"作用，注重完善各类设施，并积极改善居住环境，成功保留了 20 世纪 90 年代初的建筑风格。项目对街区内部狭窄道路和无序管道线路进行了统一改造，实施开展了修复管网、疏通管道、雨污分流等系列隐蔽工程。同时，将管线进行地下铺设和有序化，共更换和疏通地下管网长度达 1340m，综合解决了社区长期存在的管网堵塞、私拉乱接等各类问题。针对片区内公建配套不足、活动空间破败，社区活力缺失等问题，由区属国有企业作为实施主体，改造建成了西南街社区党群服务中心、幸福生活馆、邻里会客厅、杏园、乒乓球园等公共空间。此外，系统完善了绿道游园、文体空间等功能性配套设施，增加大量微景观、停车位，以及园林面积，弥补了公共空间的不足，提升了休闲游憩和交通出行体验。在社区建筑改造时延续了传统的建筑元素符号，如木、石灰、青砖、青瓦等，并与周边公共设施建筑风格保持协调统一，延续了川西民居形态风格，展现了浓厚的地域文化特色（图 6-28、图 6-29）。

图 6-28 社区建筑改造延续川西
民居形态风格（上图）

图 6-29 改造完善后的绿道游园
和社区商业设施（下图）

6.4.3 挖掘市井文化，传承社区记忆

  抚琴街道西南街社区是拆迁安置和单位职工宿舍外迁等本土居民的主要居住地，承载着老成都的记忆和情感，具有市井人文特质的天然优势，具备建成充满浓厚成都味道生活社区的基础条件。改造采用整体规划、连片打造的模式，以"市井西南，烟火抚琴"为主题，在充分征求居民意见后，通过分类指导，共同推进老旧小区、公共空间、沿街店铺三类空间载体的同步实施建设。改造注重发掘文化基因和传承历史文脉，保留了老发廊、老菜铺、老公寓等代表性功能建筑，通过修缮和保护怀旧壁画墙和紫藤花植物，留住城市乡愁，增强文化认同，打造"抚琴生机"潮玩空间，大幅提升了"最成都街巷"的生活体验。同时，改造尊重原有建筑肌理，灵活运用传统建筑材质，建成了独特的地标。[13]此外，改造注重社区场所精神的传承，过程中顺应成都人对喝茶、逗鸟的爱好

和需求，突出传承性与时代性的统一，营造了丰富多彩的生活场景，延续了成都街坊里巷的烟火韵味，展现了天府文化的乐观包容（图6-30）。

图6-30　改造延续了西南街社区的传统夜间饮食文化

6.4.4　商居融合共生，内外双向循环

项目的商业模式创新具体体现在空间活化利用、商居融合共生，以及运营加速催化三个方面，有效地推动了居民生活质量的提升和社区商业的繁荣。

1. 空间活化利用

项目采用"资源资产化、资产收益化"的总体思路，引入成都文旅集团等企业，通过保留社区老牌餐饮店、理发店、修鞋店和蔬果店等社区商业文化载体，同时整合利用闲置、低效和被侵占的空间资源，将社区居民日常的生活场所打造为社区文化的重要展示媒介。例如：对社区老旧宿舍和自行车停车楼等低效空间资源进行更新改造和功能置换，将其转化为具有特色的民宿和酒吧，不仅丰富了社区的休闲和娱乐场所，也大幅提升了社区低效资源的商业价值和文化价值（图6-31）。

2. 商居融合共生

为了避免改造后因社区之外大量游客的到来而引发商家的无序经营，在抚琴街道的引导下，社区制定了"商居联盟"和"商家联盟"公约，以加强商家的自律性和经营的规范性，并严格约束油烟噪声、占道经营，以及深夜经

图 6-31 老旧宿舍改造成青年公寓后仍保留原始的建筑风貌（上图）

图 6-32 沿小区楼宇设立的理发店、幼儿园等各类服务设施（下图）

营等商业活动，以尽量减少潜在的扰民问题。此外，商家让渡部分利润反哺社区基金，用于完善社区配套设施，并引入物业服务企业进行信托制物业试点，使社区内 8 个院落实现了从"无人管"向"准物管"的发展转型，最终以市场化逻辑保障改造模式的长期可持续，实现了居民与商家的融合共生（图6-32、图6-33）。

3. 持续管理运营

项目引入成都文旅集团作为改造后的运营主体，围绕"市井西南·烟火抚琴"

图 6-33　结合建筑裙房运营的茶馆、棋牌室等场所

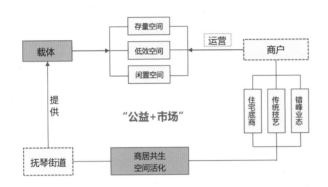

图 6-34　"以载体换服务"模式示意图

这一主题，通过优化公共空间、释放产业空间、规划建设底商等措施，引入了美容保健、运动健身等多样化的商业活动和消费场景，对街区特色商业和文化进行重塑与营销，不仅让社区居民能够享受到更丰富多样的消费体验，也吸引了大量社区外的消费人群。[14] 此外，为了更好地整合商业资源和社区服务，片区内采用了"以载体换服务"和"公益 + 市场"模式，即统一运营管理新增商业载体和社区服务空间，实现了商业效益和社区服务水平的双向提升（图6-34）。

6.4.5　构建长效机制，培育社区认同

改造以"居民自治"为核心策略，有效地激发了社区持续更新的内生动力和发展动能，主要体现在长效机制的构建和社区认同的培育两个方面。

1. 构建长效机制

为保障项目改造后的可持续健康发展，西南街社区以"百强社区创建"为契机，建立了"党建引领、居民自治、物业管理、社会参与"四方联动的长效治理机制（图6-35）。以"微网实格"为抓手，协同居民自治小组、物业管理企业和社会参与主体，通过明确职责、建立协商平台和互动机制，并持续完

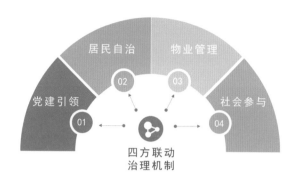

图 6-35　长效机制提升社区运维水平

善微网格体系建设，开展各类培训活动，提升微网格参与社区发展治理能力，建立切实可行的微网格激励机制，促进微网格作用发挥。同时，西南街社区发挥空间场景和资源优势，以"市井西南·烟火抚琴"为目标，以社区文化氛围营造为基础，制定了详细的发展治理规划，强化"网红打卡地"区域优势，整合文旅、商业、物业等多方资源对老抚琴片区的老旧院落及周边环境进行提升整治，提升基层治理能力、科学统筹社区资源、不断完善公共服务体系、建设全龄友好设施，不断增强社区居民的安全感、获得感和幸福感。[15]

2. 培育社区认同

为不断增强居民对改造的认同感，推动社区自治的深入发展，项目邀请高水平设计团队改造了党群服务中心和幸福生活馆，创意打造了"微电影"拍摄工作室、党员"加油站"等影像美空间，植入了 VR 居家装饰体验和多肉植物微景观，形成了居家美空间和生态美空间。同时，建设了邻里中心"邻里戏台"，设立了书画家工作室，提供了社区居民优质文娱项目。此外，还邀请社区民警、老党员、社区治理专家等讲历史、讲政策、讲法律，组织各类体育、舞蹈、阅读、音乐、电影等文化活动 110 余场，有效促进了社区居民之间的互动和合作，增强了社区居民的归属感，获得了幸福感（图 6-36）。

图 6-36　邻里戏台与茶话会增强居民归属感和幸福感

6.5   社区组合型一体化综合改造模式——北京市石景山区鲁谷街道社区

6.5.1   项目概况

1. 项目概况

鲁谷街道位于北京市石景山区,下辖 22 个社区,其中五芳园、六合园南、七星园南三个社区建成年代较早,存在建筑楼体老旧、设施年久失修、道路破损、绿化缺失、屋面漏水、汛期内涝,以及服务配套设施不足等大量问题,对居民生活的安全性和便利性造成了严重影响。2020 年,鲁谷街道与愿景明德(北京)控股集团有限公司(以下简称"愿景集团")签订战略协议,采用"社区组合型一体化"综合改造和"EPC+BOT"相结合的更新模式,对这三个社区进行综合整治。改造项目涉及 26 栋楼、271 个单元、4089 户居民、45 个产权单位和 15 个物业公司,改造面积达 26.7 万 m^2,投入资金 2.67 亿元,其中社会资本投资 2300 万元。[16]

2. 改造内容

项目的改造内容分为基础类、完善类和提升类三种类型。其中,基础类改造内容主要包含楼本体改造、公共区域道路更新、公共区域绿地和景观、公共照明、安防及消防设施、垃圾分类等环卫措施、小市政管网综合改造(雨水、污水、给水、燃气、弱电、电力)等。完善类改造内容包括机动车位规划、自行车棚更新、信报箱更新、体育及健身及活动场地更新等。提升类改造内容包括社区养老服务、宣传设施、社区食堂及智慧社区建设等。改造后新增 120m² 社区食堂、90m² 社区养老驿站、6 个社区文化展示栏、1 块智慧大屏、5 套激光对射报警器、2 只激光对射摄像头、8 只周界检测摄像头[17](图 6-37)。

6.5.2   项目改造模式创新

1. "五位一体"的共建共治格局

2004 年,鲁谷街道成为北京市街道管理体制改革创新的试点之一,是全国首家在街道层面建立的"大社区"。项目以党建为引领进行社区建设,在五芳园、六合园南、七星园南三个社区综合整治项目中成立了物业管理委员会(以下简称"物管会"),由社区党组织书记担任主任委员,由党组织推荐社区居民代表担任副主任委员,其他委员由社区居委会工作人员、多类型业主代表共

图 6-37　项目改造前后实景对比图
（图片来源：根据本章参考文献 [17]
改编绘制）

建筑立面改造前　　楼梯门改造前　　弱电线入地改造前　　楼梯飞线改造前

建筑立面改造后　　楼梯门改造后　　弱电线入地改造后　　楼梯飞线改造后

图 6-38　"五位一体"的共建共
治格局

同组成。在项目改造实施过程中，物管会充分发扬民主，听取民意，引导居民参与项目全过程，实现了社区党委、居民、居委会、物管会和物业公司"五位一体"的共建共治格局，实现了从政府"大包大揽"到"引入多方主体共商共建"的转变（图 6-38）。

2. "EPC+BOT"的长效运维机制

在"EPC+BOT"社区组合型一体化更新模式中，EPC（Engineering Procurement Construction）是指按照合同约定对工程建设项目的设计、采购、施工和试运行等过程进行总承包；BOT（Build Operate Transfer）是指政府给企业颁发特许证书，使其在一定时期内筹集资金建设、管理和经营某一项目及其相关产品和服务，BOT 模式可以为 EPC 模式提供资金支持，并为项目提供后续运营服务（图 6-39）。在改造过程中，街道的角色也因此实现了由"直接参与者"向"秩序保障者"的转变。街道结合实际情况将片区内多个社区改造项目组合一体化招标，有效整合了片区资源，降低了管理成本，提升了改造工作效率（图 6-40）。同时，物管会选聘的物业公司参与改造全过程，将新建停车综合体及便民服务配套空间等硬件改造升级与物业服务、便民服务及社区公益服务有机结合，统筹推进智慧社区建设。通过中标单位每年向物业的反哺，以及政府的奖励资金来调动物业服务的积极性，提高居民的物业缴费率，建立了微利可持续的老旧小区长效运维机制，形成物业可持续运营的良性循环。

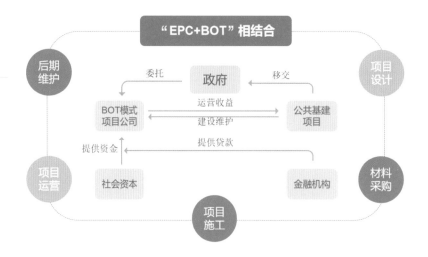

图 6-39 "EPC+BOT" 相结合的更新模式

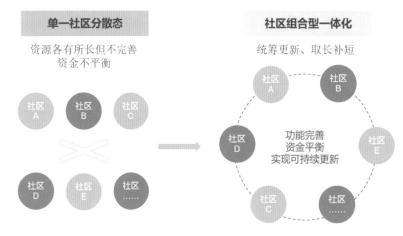

图 6-40 "社区组合型一体化"综合改造与单一社区改造对比

6.5.3 项目更新实践经验总结

1. 物管会引导居民参与

在鲁谷街道社区更新过程中，物管会发挥着举足轻重的作用，具体体现在以下方面：[18] ①居民参与物管会的组建与优化。物管会在组建过程中，增加了专业人士和居民占比，确保了物管会能够充分代表居民的意见，同时提升了其专业性。②党建强化物管会职能。党支部的成立增强了物管会的组织力量，促进了物业服务与社区治理的有效衔接，推动了社区自治和物业管理的深入发展。③物管会引导居民自治。2020 年 4 月，鲁谷街道在三个社区首次成立物管会，旨在选聘物业公司和征集老旧小区综合整治意见，居民积极参与物管会组织建设，建言献策，显著提升了居民对小区改造的参与度。④组织社区文化活动。通过建立邻里中心和组织各类文化活动，形成生动有序的生活氛围，增进居民之间的交流和互动，增强居民对社区的归属感和认同感。⑤拓宽居民投

物管会委员增补通知　　　　　　　　物管会委员入户调研居民意愿

图 6-41　物管会引导居民参与
社区更新
（图片来源：根据本章参考文献 [18]
整理绘制）

诉渠道。通过红色建议箱、红色热线、红色直播等方式，拓宽了居民投诉渠道，
维护了居民的合法权益（图 6-41）。

2. 儿童友好公共空间营造

儿童友好社区建设可遵循以下原则：[19] ①建设完善便利的儿童服务设施。
首先，社区应配建与常住人口数量相协调的托育服务设施、幼儿园、儿童之家
等儿童服务设施，关注残障儿童的特殊公共服务配套，满足儿童就近便利使用
需求。其次，推进社区服务站、社区卫生服务站、文化活动站等设施的适儿化
改造，设置儿童阅览区域、课后自习教室等，方便儿童进行课后学习。最后，
社区儿童服务设施可与社区其他服务设施统筹配置，复合利用，以促进代际共
享。②配置特色趣味的儿童活动场地。一方面，充分利用游园、口袋公园、多
功能运动场地等，增添儿童游乐场地和体育运动场地。另一方面，利用社区闲
置空间营造儿童"微空间"，为儿童交流、体验自然、参与社区美化、体验社
区文化等活动提供美育和自然教育场所。此外，社区应急避难场所宜考虑儿童
生理及心理需求，设置适宜儿童使用的休憩专区，配备儿童适用的生活物资和
防护物资。③构建安全连续的儿童出行路径。一是通过改造社区支路线型和断
面等方式，增加人行道和自行车道宽度，降低机动车速度，满足儿童安全步行、
骑行需要，为儿童出行提供安全的慢行空间。二是合理规划及管理社区机动车
停放空间，避免挤占儿童出行与活动空间。社区可增设独立小径，串联住宅、
托育服务设施、幼儿园、儿童游乐场地、体育运动场地、儿童之家等儿童活动
场所，建设儿童步行系统，为儿童在社区活动提供安全、有趣的场所体验。三
是对居住区、托育服务设施、幼儿园、儿童之家、儿童游乐场地、体育运动场
地等周边路段进行稳静化改造，提高儿童出行的安全性和舒适性。

五芳园的社区改造在儿童友好社区建设原则的引领下，对社区的公共空间
进行了升级改造，其中，五芳园健身苑在儿童友好空间营造方面独具特色。五
芳园健身苑地理位置优越，位于北京市石景山区鲁谷大街与莲石东路交叉口，

紧邻学校和居住区，场地空间大，东西长 220m，南北长 34 ~ 90m，总占地面积约 1 万 m^2，由儿童基金会于 2023 年投资建成。[20] 改造前，五芳园健身苑场地空间存在铁皮围挡阻隔、功能划分不明确、缺少儿童活动场地、球场管理混乱、活动设施老旧等多种问题，居民对场地空间改造提升的愿望和需求强烈。改造在童趣的主题定位之下，统一考虑公园内部空间划分以满足多种使用人群需求，设置了儿童沙池、爬爬岛地形空间、儿童滑梯组合空间，以及快乐攀爬墙等儿童友好空间，为不同年龄段的儿童都提供了一个适宜的游玩乐园，其标准塑胶篮球场地与迷你足球场地的设计还增加了活动的趣味性，成为举办儿童校园活动和居民举办社区活动的理想场所（图 6-42、图 6-43）。

鲁谷街道社区改造通过"EPC+BOT"社区组合型一体化更新模式实现对儿童友好空间的营造。一方面为社会资本参与老旧小区改造探索了可借鉴的实施路径；另一方面，项目采用"五位一体"共建共治的治理模式，通过运营闲置低效空间资源，为居民提供增值服务等方式，探索了一条综合微利可持续的更新路径，为我国同类型社区更新提供模式参考。

图 6-42　儿童友好空间营造前后场景对比
（图片来源：根据本章参考文献 [20] 整理绘制）

图 6-43　儿童和居民举办多元活动场景
（图片来源：根据本章参考文献 [20] 整理绘制）

本章参考文献

[1]　王玉洁 . 新资管，新服务，新生活——城市更新的愿景模式 [J]. 城市开发，2021(20):25-27.

[2]　张阿嬙 . 愿景集团：积极参与城市更新，破解新市民住房难题 [N]. 中国城市报，2021-06-28.

[3]　李锦莉 . 基于城市活力提升的菜市场空间研究——以北京三环以内为例 [D]. 北京：中央美术学院，2020.

[4]　詹方歌，卢志坤 . "租赁置换"模式盘活区域发展 北京老旧小区改造新"药方"[N]. 中国经营报，2021-08-30.

[5]　全市首例"租赁置换"模式助老旧小区焕新颜 "老破小"变"精巧美"[N]. 北京日报，2021-08-24.

[6]　新华社 . 积极应对人口老龄化，激发老龄社会活力——国家卫健委相关部门负责人解读《中共中央 国务院关于加强新时代老龄工作的意见》[EB]. 中国政府网，2021-11-25.

[7]　机关党办 . 市人大机关驻采荷街道服务小分队工作总结 [EB]. 杭州人大网，2020-07-02.

[8]　俞昀 . 服务老旧社区的"采荷模式"[J]. 中国物业管理，2022(10):65-67.

[9]　浙江民政 . 社区治理创新实验 | 杭州市上城区采荷街道以"社区合伙人"机制赋能社区治理新发展 [EB]. 浙江民政微信公众号，2022-01-30.

[10]　上城先锋 . 三方协同 百日攻坚 | 采荷街道: 做优"金牌管家"，做强"三方联动"[EB]. 上城先锋微信公众号，2022-09-21.

[11]　王娇 . 成都市剩余空间的活化与再生探研——以金牛区西北街社区绿设计为例 [D]. 成都：四川音乐学院，2023.

[12]　范馨 . 日常生活视角下的老旧小区改造效果评价研究——以成都市金牛社区为例 [D]. 成都：西南交通大学，2022.

[13]　王琳，沈巧蕊，冯钰 . 基于地域文化在老城区街道更新中的应用实践——以成都市抚琴南一巷片区更新设计概念性方案为例 [J]. 智能建筑与智慧城市，2023(2):50-52.

[14]　贺海霞，陈勇，左育龙 . 成都城市更新创新实践——以华兴街、八里庄和抚琴街道西南街更新项目为例 [J]. 城乡建设，2021(19):50-52.

[15]　严碧华 . 成都金牛区抚琴街道：昔日"稀烂街"，今日"幸福街"[J]. 民生周刊，2021(21):69-71.

[16]　河北省城市建设投融资协会 . 拍"案"惊奇 | 投、建、运一体化招标 鲁谷街道老旧小区焕新记 [EB]. 河北省城市建设投融资协会微信公众号，2021-06-18.

[17]　美好鲁谷 . 鲁谷街道老旧小区综合整治项目推进过程 [EB]. 美好鲁谷微信公众号，2020-12-15.

[18]　北京市住建委 . 石景山鲁谷街道已建成物管会正式履职 [EB]. 安居北京微信公众号，2020-06-03.

[19]　九源建筑设计 . 城市儿童友好空间建设要点——总体原则之社区层面 [EB]. 九源建筑设计微信公众号，2023-12-22.

[20]　风景园林所 . 华通作品 | 石景山区鲁谷街道五芳健身苑整治提升项目 [EB]. 华通WDCE 微信公众号，2023-11-22.

附录

附录一　城市更新与老旧小区改造国家政策文件

索 引 号: 000014349/2020-00061	**主题分类:** 城乡建设、环境保护\城乡建设
发文机关: 国务院办公厅	（含住房）
标　　题: |国务院办公厅关于全面推进城镇老旧	**成文日期:** 2020 年 07 月 10 日
小区 改造工作的指导意见	
发文字号: 国办发〔2020〕23 号	**发布日期:** 2020 年 07 月 20 日

国务院办公厅关于全面推进
城镇老旧小区改造工作的指导意见

国办发〔2020〕23 号

各省、自治区、直辖市人民政府,国务院各部委、各直属机构:

城镇老旧小区改造是重大民生工程和发展工程,对满足人民群众美好生活需要、推动惠民生扩内需、推进城市更新和开发建设方式转型、促进经济高质量发展具有十分重要的意义。为全面推进城镇老旧小区改造工作,经国务院同意,现提出以下意见:

一、总体要求

（一）指导思想。以习近平新时代中国特色社会主义思想为指导,全面贯彻党的十九大和十九届二中、三中、四中全会精神,按照党中央、国务院决策部署,坚持以人民为中心的发展思想,坚持新发展理念,按照高质量发展要求,大力改造提升城镇老旧小区,改善居民居住条件,推动构建"纵向到底、横向到边、共建共治共享"的社区治理体系,让人民群众生活更方便、更舒心、更美好。

（二）基本原则。

——坚持以人为本,把握改造重点。从人民群众最关心最直接最现实的利益问题出发,征求居民意见并合理确定改造内容,重点改造完善小区配套和市政基础设施,提升社区养老、托育、医疗等公共服务水平,推动建设安全健康、设施完善、管理有序的完整居住社区。

——坚持因地制宜,做到精准施策。科学确定改造目标,既尽力而为又量力而行,不搞"一刀切"、不层层下指标;合理制定改造方案,体现小区特点,杜绝政绩工程、形象工程。

——坚持居民自愿,调动各方参与。广泛开展"美好环境与幸福生活共同缔造"活动，激发居民参与改造的主动性、积极性，充分调动小区关联单位和社会力量支持、参与改造，实现决策共谋、发展共建、建设共管、效果共评、成果共享。

——坚持保护优先，注重历史传承。兼顾完善功能和传承历史，落实历史建筑保护修缮要求，保护历史文化街区，在改善居住条件、提高环境品质的同时，展现城市特色，延续历史文脉。

——坚持建管并重，加强长效管理。以加强基层党建为引领，将社区治理能力建设融入改造过程，促进小区治理模式创新，推动社会治理和服务重心向基层下移，完善小区长效管理机制。

（三）工作目标。2020 年新开工改造城镇老旧小区 3.9 万个，涉及居民近 700 万户；到 2022 年，基本形成城镇老旧小区改造制度框架、政策体系和工作机制；到"十四五"期末，结合各地实际，力争基本完成 2000 年底前建成的需改造城镇老旧小区改造任务。

二、明确改造任务

（一）明确改造对象范围。城镇老旧小区是指城市或县城（城关镇）建成年代较早、失养失修失管、市政配套设施不完善、社区服务设施不健全、居民改造意愿强烈的住宅小区（含单栋住宅楼）。各地要结合实际，合理界定本地区改造对象范围，重点改造 2000 年底前建成的老旧小区。

（二）合理确定改造内容。城镇老旧小区改造内容可分为基础类、完善类、提升类 3 类。

1. 基础类。为满足居民安全需要和基本生活需求的内容，主要是市政配套基础设施改造提升以及小区内建筑物屋面、外墙、楼梯等公共部位维修等。其中，改造提升市政配套基础设施包括改造提升小区内部及与小区联系的供水、排水、供电、弱电、道路、供气、供热、消防、安防、生活垃圾分类、移动通信等基础设施，以及光纤入户、架空线规整（入地）等。

2. 完善类。为满足居民生活便利需要和改善型生活需求的内容，主要是环境及配套设施改造建设、小区内建筑节能改造、有条件的楼栋加装电梯等。其中，改造建设环境及配套设施包括拆除违法建设，整治小区及周边绿化、照明等环境，改造或建设小区及周边适老设施、无障碍设施、停车库（场）、电动自行车及汽车充电设施、智能快件箱、智能信包箱、文化休闲设施、体育健身设施、物业用房等配套设施。

3. 提升类。为丰富社区服务供给、提升居民生活品质、立足小区及周边实际条件积极推进的内容，主要是公共服务设施配套建设及其智慧化改造，包括改造或建设小区及周边的社区综合服务设施、卫生服务站等公共卫生设施、幼儿园等教育设施、周界防护等智能感知设施，以及养老、托育、助餐、家政保洁、便民市场、便利店、邮政快递末端综合服务站等社区专项服务设施。

各地可因地制宜确定改造内容清单、标准和支持政策。

（三）编制专项改造规划和计划。各地要进一步摸清既有城镇老旧小区底数，建立项目储备库。区分轻重缓急，切实评估财政承受能力，科学编制城镇老旧小区改造规划和年度改造计划，不得盲目举债铺摊子。建立激励机制，优先对居民改造意愿强、参与积极性高的小区（包括移交政府安置的军队离退休干部住宅小区）实施改造。养老、文化、教育、卫生、托育、体育、邮政快递、社会治安等有关方面涉及城镇老旧小区的各类设施增设或改造计划，以及电力、通信、供水、排水、供气、供热等专业经营单位的相关管线改造计划，应主动与城镇老旧小区改造规划和计划有效对接，同步推进实施。国有企事业单位、军队所属城镇老旧小区按属地原则纳入地方改造规划和计划统一组织实施。

三、建立健全组织实施机制

（一）建立统筹协调机制。各地要建立健全政府统筹、条块协作、各部门齐抓共管的专门工作机制，明确各有关部门、单位和街道（镇）、社区职责分工，制定工作规则、责任清单和议事规程，形成工作合力，共同破解难题，统筹推进城镇老旧小区改造工作。

（二）健全动员居民参与机制。城镇老旧小区改造要与加强基层党组织建设、居民自治机制建设、社区服务体系建设有机结合。建立和完善党建引领城市基层治理机制，充分发挥社区党组织的领导作用，统筹协调社区居民委员会、业主委员会、产权单位、物业服务企业等共同推进改造。搭建沟通议事平台，利用"互联网＋共建共治共享"等线上线下手段，开展小区党组织引领的多种形式基层协商，主动了解居民诉求，促进居民形成共识，发动居民积极参与改造方案制定、配合施工、参与监督和后续管理、评价和反馈小区改造效果等。组织引导社区内机关、企事业单位积极参与改造。

（三）建立改造项目推进机制。区县人民政府要明确项目实施主体，健全项目管理机制，推进项目有序实施。积极推动设计师、工程师进社区，辅导居民有效参与改造。为专业经营单位的工程实施提供支持便利，禁止收取不合理费用。鼓励选用经济适用、绿色环保的技术、工艺、材料、产品。改造项目涉及历史文化街区、历史建筑的，应严格落实相关保护修缮要求。落实施工安全和工程质量责任，组织做好工程验收移交，杜绝安全隐患。充分发挥社会监督作用，畅通投诉举报渠道。结合城镇老旧小区改造，同步开展绿色社区创建。

（四）完善小区长效管理机制。结合改造工作同步建立健全基层党组织领导，社区居民委员会配合，业主委员会、物业服务企业等参与的联席会议机制，引导居民协商确定改造后小区的管理模式、管理规约及业主议事规则，共同维护改造成果。建立健全城镇老旧小区住宅专项维修资金归集、使用、续筹机制，促进小区改造后维护更新进入良性轨道。

四、建立改造资金政府与居民、社会力量合理共担机制

（一）合理落实居民出资责任。按照谁受益、谁出资原则，积极推动居民出资参与改造，可通过直接出资、使用（补建、续筹）住宅专项维修资金、让渡小区公共收益等方式落实。研究住宅专项维修资金用于城镇老旧小区改造的办法。支持小区居民提取住房公积金，用于加装电梯等自住住房改造。鼓励居民通过捐资捐物、投工投劳等支持改造。鼓励有需要的居民结合小区改造进行户内改造或装饰装修、家电更新。

（二）加大政府支持力度。将城镇老旧小区改造纳入保障性安居工程，中央给予资金补助，按照"保基本"的原则，重点支持基础类改造内容。中央财政资金重点支持改造 2000 年底前建成的老旧小区，可以适当支持 2000 年后建成的老旧小区，但需要限定年限和比例。省级人民政府要相应做好资金支持。市县人民政府对城镇老旧小区改造给予资金支持，可以纳入国有住房出售收入存量资金使用范围；要统筹涉及住宅小区的各类资金用于城镇老旧小区改造，提高资金使用效率。支持各地通过发行地方政府专项债券筹措改造资金。

（三）持续提升金融服务力度和质效。支持城镇老旧小区改造规模化实施运营主体采取市场化方式，运用公司信用类债券、项目收益票据等进行债券融资，但不得承担政府融资职能，杜绝新增地方政府隐性债务。国家开发银行、农业发展银行结合各自职能定位和业务范围，按照市场化、法治化原则，依法合规加大对城镇老旧小区改造的信贷支持力度。商业银行加大产品和服务创新力度，在风险可控、商业可持续前提下，依法合规对实施城镇老旧小区改造的企业和项目提供信贷支持。

（四）推动社会力量参与。鼓励原产权单位对已移交地方的原职工住宅小区改造给予资金等支持。公房产权单位应出资参与改造。引导专业经营单位履行社会责任，出资参与小区改造中相关管线设施设备的改造提升；改造后专营设施设备的产权可依照法定程序移交给专业经营单位，由其负责后续维护管理。通过政府采购、新增设施有偿使用、落实资产权益等方式，吸引各类专业机构等社会力量投资参与各类需改造设施的设计、改造、运营。支持规范各类企业以政府和社会资本合作模式参与改造。支持以"平台＋创业单元"方式发展养老、托育、家政等社区服务新业态。

（五）落实税费减免政策。专业经营单位参与政府统一组织的城镇老旧小区改造，对其取得所有权的设施设备等配套资产改造所发生的费用，可以作为

该设施设备的计税基础，按规定计提折旧并在企业所得税前扣除；所发生的维护管理费用，可按规定计入企业当期费用税前扣除。在城镇老旧小区改造中，为社区提供养老、托育、家政等服务的机构，提供养老、托育、家政服务取得的收入免征增值税，并减按90%计入所得税应纳税所得额；用于提供社区养老、托育、家政服务的房产、土地，可按现行规定免征契税、房产税、城镇土地使用税和城市基础设施配套费、不动产登记费等。

五、完善配套政策

（一）加快改造项目审批。各地要结合审批制度改革，精简城镇老旧小区改造工程审批事项和环节，构建快速审批流程，积极推行网上审批，提高项目审批效率。可由市县人民政府组织有关部门联合审查改造方案，认可后由相关部门直接办理立项、用地、规划审批。不涉及土地权属变化的项目，可用已有用地手续等材料作为土地证明文件，无需再办理用地手续。探索将工程建设许可和施工许可合并为一个阶段，简化相关审批手续。不涉及建筑主体结构变动的低风险项目，实行项目建设单位告知承诺制的，可不进行施工图审查。鼓励相关各方进行联合验收。

（二）完善适应改造需要的标准体系。各地要抓紧制定本地区城镇老旧小区改造技术规范，明确智能安防建设要求，鼓励综合运用物防、技防、人防等措施满足安全需要。及时推广应用新技术、新产品、新方法。因改造利用公共空间新建、改建各类设施涉及影响日照间距、占用绿化空间的，可在广泛征求居民意见基础上一事一议予以解决。

（三）建立存量资源整合利用机制。各地要合理拓展改造实施单元，推进相邻小区及周边地区联动改造，加强服务设施、公共空间共建共享。加强既有用地集约混合利用，在不违反规划且征得居民等同意的前提下，允许利用小区及周边存量土地建设各类环境及配套设施和公共服务设施。其中，对利用小区内空地、荒地、绿地及拆除违法建设腾空土地等加装电梯和建设各类设施的，可不增收土地价款。整合社区服务投入和资源，通过统筹利用公有住房、社区居民委员会办公用房和社区综合服务设施、闲置锅炉房等存量房屋资源，增设各类服务设施，有条件的地方可通过租赁住宅楼底层商业用房等其他符合条件的房屋发展社区服务。

（四）明确土地支持政策。城镇老旧小区改造涉及利用闲置用房等存量房屋建设各类公共服务设施的，可在一定年期内暂不办理变更用地主体和土地使用性质的手续。增设服务设施需要办理不动产登记的，不动产登记机构应依法积极予以办理。

六、强化组织保障

（一）明确部门职责。住房城乡建设部要切实担负城镇老旧小区改造工作的组织协调和督促指导责任。各有关部门要加强政策协调、工作衔接、调研督导，及时发现新情况新问题，完善相关政策措施。研究对城镇老旧小区改造工作成效显著的地区给予有关激励政策。

（二）落实地方责任。省级人民政府对本地区城镇老旧小区改造工作负总责，要加强统筹指导，明确市县人民政府责任，确保工作有序推进。市县人民政府要落实主体责任，主要负责同志亲自抓，把推进城镇老旧小区改造摆上重要议事日程，以人民群众满意度和受益程度、改造质量和财政资金使用效率为衡量标准，调动各方面资源抓好组织实施，健全工作机制，落实好各项配套支持政策。

（三）做好宣传引导。加大对优秀项目、典型案例的宣传力度，提高社会各界对城镇老旧小区改造的认识，着力引导群众转变观念，变"要我改"为"我要改"，形成社会各界支持、群众积极参与的浓厚氛围。要准确解读城镇老旧小区改造政策措施，及时回应社会关切。

国务院办公厅

2020 年 7 月 10 日

（此件公开发布）

住房和城乡建设部办公厅关于在城市更新改造中切实加强历史文化保护坚决制止破坏行为的通知

建办科电〔2020〕34号

各省、自治区住房和城乡建设厅，海南省自然资源和规划厅，直辖市规划和自然资源委（局）、住房和城乡建设（管）委，新疆生产建设兵团住房和城乡建设局：

具有保护价值的城市片区和建筑是文化遗产的重要组成部分，是弘扬优秀传统文化、塑造城镇风貌特色的重要载体。保护好、利用好这些珍贵历史文化遗存是城乡建设工作的使命和任务。近期一些地方在城市更新改造中拆除具有保护价值的城市片区和建筑，对城市历史文化价值和特色风貌造成了不可挽回的损失。为了在城市更新改造中进一步做好历史文化保护工作，现就有关问题通知如下：

一、推进历史文化街区划定和历史建筑确定工作。各地要加快推进历史文化街区划定和历史建筑确定专项工作，按照应划尽划、应保尽保原则，及时查漏补缺，确保具有保护价值的城市片区和建筑及时认定公布。认定公布后，要及时挂牌测绘建档，明确保护管理要求，完善保护利用政策，确保有效保护、合理利用。

二、加强对城市更新改造项目的评估论证。对涉及老街区、老厂区、老建筑的城市更新改造项目，各地要预先进行历史文化资源调查，组织专家开展评估论证，确保不破坏地形地貌、不拆除历史遗存、不砍老树。对改造面积大于1公顷或涉及5栋以上具有保护价值建筑的项目，评估论证结果要向省级住房和城乡建设（规划）部门报告备案。

三、加强监督指导。省级住房和城乡建设（规划）部门要加大指导和监督管理力度，组织市（县）对已经开工的城市更新改造项目开展自查，确保具有保护价值的城市片区和建筑得到有效保护，对发现的问题及时整改。

各级住房和城乡建设（规划）部门要会同有关部门，落实管理责任，在城市更新改造中加强历史文化保护传承工作，切实做到在保护中发展，在发展中保护。对不尽责履职、保护不力，造成历史文化遗产价值受到影响的领导干部、主管人员和其他直接责任人员，按照干部管理权限向相关党组织或者机关、单位提出开展问责的建议。

住房和城乡建设部办公厅

2020年8月3日

住房和城乡建设部等部门关于开展城市居住社区建设补短板行动的意见

建科规〔2020〕7号

各省、自治区、直辖市住房和城乡建设厅（委、管委）、教育厅（委）、通信管理局、公安厅（局）、商务主管部门、文化和旅游厅（局）、卫生健康委、市场监管局（厅、委）、体育局、能源局、邮政局、残联，国家税务总局各省、自治区、直辖市和计划单列市税务局，新疆生产建设兵团住房和城乡建设局、教育局、公安局、商务主管部门、文化和旅游局、卫生健康委、市场监管局、体育局、能源局、邮政局、残联：

居住社区是城市居民生活和城市治理的基本单元，是党和政府联系、服务人民群众的"最后一公里"。当前，居住社区存在规模不合理、设施不完善、公共活动空间不足、物业管理覆盖面不高、管理机制不健全等突出问题和短板，与人民日益增长的美好生活需要还有较大差距。为贯彻落实习近平总书记关于更好为社区居民提供精准化、精细化服务的重要指示精神，建设让人民群众满意的完整居住社区，现就开展居住社区建设补短板行动提出以下意见：

一、总体要求

（一）指导思想。以习近平新时代中国特色社会主义思想为指导，全面贯彻党的十九大和十九届二中、三中、四中全会精神，坚持以人民为中心的发展思想，坚持新发展理念，以建设安全健康、设施完善、管理有序的完整居住社区为目标，以完善居住社区配套设施为着力点，大力开展居住社区建设补短板行动，提升居住社区建设质量、服务水平和管理能力，增强人民群众获得感、幸福感、安全感。

（二）工作目标。到2025年，基本补齐既有居住社区设施短板，新建居住社区同步配建各类设施，城市居住社区环境明显改善，共建共治共享机制不断健全，全国地级及以上城市完整居住社区覆盖率显著提升。

二、重点任务

（一）合理确定居住社区规模。以居民步行5—10分钟到达幼儿园、老年服务站等社区基本公共服务设施为原则，以城市道路网、自然地形地貌和现状居住小区等为基础，与社区居民委员会管理和服务范围相对接，因地制宜合理确定居住社区规模，原则上单个居住社区以0.5万—1.2万人口规模为宜。要结合实际统筹划定和调整居住社区范围，明确居住社区建设补短板行动的实施单元。

（二）落实完整居住社区建设标准。按照《完整居住社区建设标准（试行）》（附件），结合地方实际，细化完善居住社区基本公共服务设施、便民商业服务设施、市政配套基础设施和公共活动空间建设内容和形式，作为开展居住社区建设补短板行动的主要依据。

（三）因地制宜补齐既有居住社区建设短板。结合城镇老旧小区改造等城市更新改造工作，通过补建、购置、置换、租赁、改造等方式，因地制宜补齐既有居住社区建设短板。优先实施排水防涝设施建设、雨污水管网混错接改造。充分利用居住社区内空地、荒地及拆除违法建设腾空土地等配建设施，增加公共活动空间。统筹利用公有住房、社区居民委员会办公用房和社区综合服务设施、闲置锅炉房等存量房屋资源，增设基本公共服务设施和便民商业服务设施。要区分轻重缓急，优先在居住社区内配建居民最需要的设施。推进相邻居住社区及周边地区统筹建设、联动改造，加强各类配套设施和公共活动空间共建共享。加强居住社区无障碍环境建设和改造，为居民出行、生活提供便利。

（四）确保新建住宅项目同步配建设施。新建住宅项目要按照完整居住社区建设标准，将基本公共服务、便民商业服务等设施和公共活动空间建设作为开发建设配套要求，明确规模、产权和移交等规定，确保与住宅同步规划、同步建设、同步验收和同步交付，并按照有关规定和合同约定做好产权移交。规模较小的新建住宅项目，要在科学评估周边既有设施基础上按需配建；规模较大的，要合理划分成几个规模适宜的居住社区，按照标准配齐设施。地方相关行政主管部门要切实履行监督职责，确保产权人按照规定使用配套设施，未经法定程序，任何组织和个人不得擅自改变用途和性质。

（五）健全共建共治共享机制。按照基层党组织领导下的多方参与治理要求，推动建立"党委领导、政府组织、业主参与、企业服务"的居住社区管理机制。鼓励引入专业化物业服务，暂不具备条件的，通过社区托管、社会组织代管或居民自管等方式，提高物业管理覆盖率。推动城市管理进社区，将城市综合管理服务平台与物业管理服务平台相衔接，提高城市管理覆盖面，依法依规查处私搭乱建等违法违规行为，协助开展社区环境整治活动。

三、组织实施

（一）加强组织领导和部门协调。各级住房和城乡建设部门要会同教育、工业和信息化、公安、商务、文化和旅游、卫生健康、税务、市场监管、体育、能源、邮政管理、残联等部门建立协同机制，统筹整合涉及居住社区建设的各类资源、资金和力量，有序开展居住社区建设补短板行动。住房和城乡建设部门要结合城镇老旧小区改造、绿色社区创建、棚户区改造等同步推进居住社区建设补短板行动，建立居住社区建设项目审批绿色通道，加强对幼儿园、养老等基本公共服务设施的设计、建设、验收、移交的监管落实，提高物业管理覆盖率，推动城市管理进社区。教育部门要配合有关部门做好居住社区配套幼儿园规划、建设、验收、移交等工作。工业和信息化部门要加快光纤入户和多网融合。公安机关要加强社区警务工作及警务室建设，推进社区智能安防设施及系统建设。商务部门要支持便民商业服务设施建设，鼓励小店"一店多能"提供多样化便民服务，引导连锁企业进社区提供优质服务。文化和旅游部门要支持社区文化设施建设。卫生健康部门要协调有关部门加强社区卫生服务机构建设，完善婴幼儿照护服务政策规范。税务部门要落实社区服务税收优惠政策。市场监管部门要依法对住宅加装的电梯实施监督检验和使用登记。体育部门要加大对社区健身场地设施建设的指导支持力度，协调有关资金向居住社区倾斜。能源部门要支持居住社区充电桩等设施建设。邮政管理部门要加强对居住社区快递末端网点的监督管理。残联要积极组织残疾人代表开展体验活动，配合推进社区无障碍环境建设和改造工作。

（二）制定行动计划。各城市住房和城乡建设部门要会同有关部门按照完整居住社区建设标准，开展居住社区建设情况调查，摸清居住社区规模和数量，找准各类设施和公共活动空间建设短板，制定居住社区建设补短板行动计划，明确行动目标、重点任务和推进时序，并与城镇老旧小区改造计划等相衔接。按照行动计划，细化年度工作任务和建设项目库，纳入政府重点工作统筹推进。

（三）推动社会力量参与。通过政府采购、新增设施有偿使用、落实资产权益等方式，吸引各类专业机构等社会力量参与居住社区配套设施建设和运营。支持规范各类企业以政府和社会资本合作模式开展设施建设和改造。引导供水、供气、供热、供电、通信等专业经营单位履行社会责任，出资参与相关管线设施设备的改造提升及维护更新管理。建立物业管理服务平台，推动物业服务企业发展线上线下社区服务业，接入电子商务、健身、文化、旅游、家装、租赁等各类优质服务，拓展家政、教育、护理、养老等增值服务。

（四）动员居民广泛参与。以开展居住社区建设补短板行动为载体，大力推进美好环境与幸福生活共同缔造活动，搭建沟通议事平台，充分发挥居民主体作用，推动实现决策共谋、发展共建、建设共管、效果共评、成果共享。引导各类专业人员进社区，辅导居民参与居住社区建设和管理。加强培训和宣传，发掘和培养一批懂建设、会管理的老模范、老党员、老干部等社区能人。建立激励机制，引导和鼓励居民通过捐资捐物、投工投劳等方式参与居住社区建设。发布社区居民公约，促进居民自我管理、自我服务。

（五）做好评估和总结。各省级住房和城乡建设部门要会同有关部门加强跟踪督导，定期开展本辖区居住社区建设补短板行动评估，每年 11 月 30 日前将工作进展情况报送住房和城乡建设部，2025 年底前对城市居住社区建设补短板行动进行总结。住房和城乡建设部会同有关部门将定期对全国居住社区建设补短板行动进行调研评估。

　　附件：完整居住社区建设标准（试行）

中华人民共和国住房和城乡建设部

中华人民共和国教育部

中华人民共和国工业和信息化部

中华人民共和国公安部

中华人民共和国商务部

中华人民共和国文化和旅游部

中华人民共和国国家卫生健康委员会

国家税务总局

国家市场监督管理总局

国家体育总局

国家能源局

国家邮政局

中国残疾人联合会

2020 年 8 月 18 日

住房和城乡建设部关于在实施城市更新行动中
防止大拆大建问题的通知

建科〔2021〕63号

各省、自治区住房和城乡建设厅，北京市住房和城乡建设委、规划和自然资源委、城市管理委、水务局、交通委、园林绿化局、城市管理综合行政执法局，天津市住房和城乡建设委、规划和自然资源局、城市管理委、水务局，上海市住房和城乡建设管理委、规划和自然资源局、绿化和市容管理局、水务局，重庆市住房和城乡建设委、规划和自然资源局、城市管理局，新疆生产建设兵团住房和城乡建设局，海南省自然资源和规划厅、水务厅：

实施城市更新行动是党的十九届五中全会作出的重要决策部署，是国家"十四五"规划《纲要》明确的重大工程项目。实施城市更新行动要顺应城市发展规律，尊重人民群众意愿，以内涵集约、绿色低碳发展为路径，转变城市开发建设方式，坚持"留改拆"并举、以保留利用提升为主，加强修缮改造，补齐城市短板，注重提升功能，增强城市活力。近期，各地积极推动实施城市更新行动，但有些地方出现继续沿用过度房地产化的开发建设方式、大拆大建、急功近利的倾向，随意拆除老建筑、搬迁居民、砍伐老树，变相抬高房价，增加生活成本，产生了新的城市问题。为积极稳妥实施城市更新行动，防止大拆大建问题，现将有关要求通知如下：

一、坚持划定底线，防止城市更新变形走样

（一）严格控制大规模拆除。除违法建筑和经专业机构鉴定为危房且无修缮保留价值的建筑外，不大规模、成片集中拆除现状建筑，原则上城市更新单元（片区）或项目内拆除建筑面积不应大于现状总建筑面积的20%。提倡分类审慎处置既有建筑，推行小规模、渐进式有机更新和微改造。倡导利用存量资源，鼓励对既有建筑保留修缮加固，改善设施设备，提高安全性、适用性和节能水平。对拟拆除的建筑，应按照相关规定，加强评估论证，公开征求意见，严格履行报批程序。

（二）严格控制大规模增建。除增建必要的公共服务设施外，不大规模新增老城区建设规模，不突破原有密度强度，不增加资源环境承载压力，原则上城市更新单元（片区）或项目内拆建比不应大于2。在确保安全的前提下，允许适当增加建筑面积用于住房成套化改造、建设保障性租赁住房、完善公共服务设施和基础设施等。鼓励探索区域建设规模统筹，加强过密地区功能疏解，积极拓展公共空间、公园绿地，提高城市宜居度。

（三）严格控制大规模搬迁。不大规模、强制性搬迁居民，不改变社会结构，不割断人、地和文化的关系。要尊重居民安置意愿，鼓励以就地、就近安置为主，改善居住条件，保持邻里关系和社会结构，城市更新单元（片区）或项目居民就地、就近安置率不宜低于50%。践行美好环境与幸福生活共同缔造理念，同步推动城市更新与社区治理，鼓励房屋所有者、使用人参与城市更新，共建共治共享美好家园。

（四）确保住房租赁市场供需平稳。不短时间、大规模拆迁城中村等城市连片旧区，防止出现住房租赁市场供需失衡加剧新市民、低收入困难群众租房困难。注重稳步实施城中村改造，完善公共服务和基础设施，改善公共环境，消除安全隐患，同步做好保障性租赁住房建设，统筹解决新市民、低收入困难群众等重点群体租赁住房问题，城市住房租金年度涨幅不超过5%。

二、坚持应留尽留，全力保留城市记忆

（一）保留利用既有建筑。不随意迁移、拆除历史建筑和具有保护价值的老建筑，不脱管失修、修而不用、长期闲置。对拟实施城市更新的区域，要及时开展调查评估，梳理评测既有建筑状况，明确应保留保护的建筑清单，未开展调查评估、未完成历史文化街区划定和历史建筑确定工作的区域，不应实施城市更新。鼓励在不变更土地使用性质和权属、不降低消防等安全水平的条件下，加强厂房、商场、办公楼等既有建筑改造、修缮和利用。

（二）保持老城格局尺度。不破坏老城区传统格局和街巷肌理，不随意拉直拓宽道路，不修大马路、建大广场。鼓励采用"绣花"功夫，对旧厂区、旧商业区、旧居住区等进行修补、织补式更新，严格控制建筑高度，最大限度保留老城区具有特色的格局和肌理。

（三）延续城市特色风貌。不破坏地形地貌，不伐移老树和有乡土特点的现有树木，不挖山填湖，不随意改变或侵占河湖水系，不随意改建具有历史价值的公园，不随意改老地名，杜绝"贪大、媚洋、求怪"乱象，严禁建筑抄袭、模仿、山寨行为。坚持低影响的更新建设模式，保持老城区自然山水环境，保护古树、古桥、古井等历史遗存。鼓励采用当地建筑材料和形式，建设体现地域特征、民族特色和时代风貌的城市建筑。加强城市生态修复，留白增绿，保留城市特有的地域环境、文化特色、建筑风格等"基因"。

三、坚持量力而行，稳妥推进改造提升

（一）加强统筹谋划。不脱离地方实际，不头痛医头、脚痛医脚，杜绝运动式、盲目实施城市更新。加强工作统筹，坚持城市体检评估先行，因地制宜、分类施策，合理确定城市更新重点、划定城市更新单元。与相关规划充分衔接，科学编制城市更新规划和计划，建立项目库，明确实施时序，量力而行、久久为功。探索适用于城市更新的规划、土地、财政、金融等政策，完善审批流程和标准规范，拓宽融资渠道，有效防范地方政府债务风险，坚决遏制新增隐性债务。严格执行棚户区改造政策，不得以棚户区改造名义开展城市更新。

（二）探索可持续更新模式。不沿用过度房地产化的开发建设方式，不片面追求规模扩张带来的短期效益和经济利益。鼓励推动由"开发方式"向"经营模式"转变，探索政府引导、市场运作、公众参与的城市更新可持续模式，政府注重协调各类存量资源，加大财政支持力度，吸引社会专业企业参与运营，以长期运营收入平衡改造投入，鼓励现有资源所有者、居民出资参与微改造。支持项目策划、规划设计、建设运营一体化推进，鼓励功能混合和用途兼容，推行混合用地类型，采用疏解、腾挪、置换、租赁等方式，发展新业态、新场景、新功能。

（三）加快补足功能短板。不做穿衣戴帽、涂脂抹粉的表面功夫，不搞脱离实际、劳民伤财的政绩工程、形象工程和面子工程。以补短板、惠民生为更新重点，聚焦居民急难愁盼的问题诉求，鼓励腾退出的空间资源优先用于建设公共服务设施、市政基础设施、防灾安全设施、防洪排涝设施、公共绿地、公共活动场地等，完善城市功能。鼓励建设完整居住社区，完善社区配套设施，拓展共享办公、公共教室、公共食堂等社区服务，营造无障碍环境，建设全龄友好型社区。

（四）提高城市安全韧性。不"重地上轻地下"，不过度景观化、亮化，不增加城市安全风险。开展城市市政基础设施摸底调查，排查整治安全隐患，推动地面设施和地下市政基础设施更新改造统一谋划、协同建设。在城市绿化和环境营造中，鼓励近自然、本地化、易维护、可持续的生态建设方式，优化竖向空间，加强蓝绿灰一体化海绵城市建设。

各地要不断加强实践总结，坚持底线思维，结合实际深化细化城市更新制度机制政策，积极探索推进城市更新，切实防止大拆大建问题。加强对各市（县）工作的指导，督促对正在建设和已批待建的城市更新项目进行再评估，对涉及推倒重来、大拆大建的项目要彻底整改；督促试点城市进一步完善城市更新工作方案。我部将定期对各地城市更新工作情况和试点情况进行调研指导，及时研究协调解决难点问题，不断完善相关政策，积极稳妥有序推进实施城市更新行动。

住房和城乡建设部

2021 年 8 月 30 日

中华人民共和国国民经济和社会发展
第十四个五年规划和 2035 年远景目标纲要

新华社北京 3 月 12 日电

目录

第八篇　完善新型城镇化战略　提升城镇化发展质量

第二十九章　全面提升城市品质

加快转变城市发展方式，统筹城市规划建设管理，实施城市更新行动，推动城市空间结构优化和品质提升。

第一节　转变城市发展方式

按照资源环境承载能力合理确定城市规模和空间结构，统筹安排城市建设、产业发展、生态涵养、基础设施和公共服务。推行功能复合、立体开发、公交导向的集约紧凑型发展模式，统筹地上地下空间利用，增加绿化节点和公共开敞空间，新建住宅推广街区制。推行城市设计和风貌管控，落实适用、经济、绿色、美观的新时期建筑方针，加强新建高层建筑管控。加快推进城市更新，改造提升老旧小区、老旧厂区、老旧街区和城中村等存量片区功能，推进老旧楼宇改造，积极扩建新建停车场、充电桩。

第二节　推进新型城市建设

顺应城市发展新理念新趋势，开展城市现代化试点示范，建设宜居、创新、智慧、绿色、人文、韧性城市。提升城市智慧化水平，推行城市楼宇、公共空间、地下管网等"一张图"数字化管理和城市运行一网统管。科学规划布局城市绿环绿廊绿楔绿道，推进生态修复和功能完善工程，优先发展城市公共交通，建设自行车道、步行道等慢行网络，发展智能建造，推广绿色建材、装配式建筑和钢结构住宅，建设低碳城市。保护和延续城市文脉，杜绝大拆大建，让城市留下记忆、让居民记住乡愁。建设源头减排、蓄排结合、排涝除险、超标应急的城市防洪排涝体系，推动城市内涝治理取得明显成效。增强公共设施应对风暴、干旱和地质灾害的能力，完善公共设施和建筑应急避难功能。加强无障碍环境建设。拓展城市建设资金来源渠道，建立期限匹配、渠道多元、财务可持续的融资机制。

第三节　提高城市治理水平

坚持党建引领、重心下移、科技赋能，不断提升城市治理科学化精细化智能化水平，推进市域社会治理现代化。改革完善城市管理体制。推广"街乡吹哨、部门报到、接诉即办"等基层管理机制经验，推动资源、管理、服务向街道社区下沉，加快建设现代社区。运用数字技术推动城市管理手段、管理模式、管理理念创新，精准高效满足群众需求。加强物业服务监管，提高物业服务覆盖率、服务质量和标准化水平。

第四节　完善住房市场体系和住房保障体系

坚持房子是用来住的、不是用来炒的定位，加快建立多主体供给、多渠道保障、租购并举的住房制度，让全体人民住有所居、职住平衡。坚持因地制宜、多策并举，夯实城市政府主体责任，稳定地价、房价和预期。建立住房和土地联动机制，加强房地产金融调控，发挥住房税收调节作用，支持合理自住需求，遏制投资投机性需求。加快培育和发展住房租赁市场，有效盘活存量住房资源，有力有序扩大城市租赁住房供给，完善长租房政策，逐步使租购住房在享受公共服务上具有同等权利。加快住房租赁法规建设，加强租赁市场监管，保障承租人和出租人合法权益。有效增加保障性住房供给，完善住房保障基础性制度和支持政策。以人口流入多、房价高的城市为重点，扩大保障性租赁住房供给，着力解决困难群体和新市民住房问题。单列租赁住房用地计划，探索利用集体建设用地和企事业单位自有闲置土地建设租赁住房，支持将非住宅房屋改建为保障性租赁住房。完善土地出让收入分配机制，加大财税、金融支持力度。因地制宜发展共有产权住房。处理好基本保障和非基本保障的关系，完善住房保障方式，健全保障对象、准入门槛、退出管理等政策。改革完善住房公积金制度，健全缴存、使用、管理和运行机制。

国家发展改革委 住房城乡建设部关于加强城镇老旧小区改造配套设施建设的通知

发改投资〔2021〕1275号

各省、自治区、直辖市及计划单列市、新疆生产建设兵团发展改革委、住房城乡建设厅（住房城乡建设委、建设和交通委、建设局）：

加强城镇老旧小区改造配套设施建设，关乎人民群众生命财产安全，关乎满足人民群众美好生活需要，是"我为群众办实事"的一项生动实践。为贯彻落实党中央、国务院决策部署，加强城镇老旧小区改造配套设施建设与排查处理安全隐患相结合工作，现将有关要求通知如下：

一、加强项目储备

（一）进一步摸排城镇老旧小区改造配套设施短板和安全隐患。结合住房和城乡建设领域安全隐患排查整治工作，认真摸排 2000 年底前建成的需改造城镇老旧小区存在的配套设施短板，组织相关专业经营单位，联合排查燃气、电力、排水、供热等配套基础设施以及公共空间等可能存在的安全隐患；重点针对养老、托育、停车、便民、充电桩等设施，摸排民生设施缺口情况。

（二）科学编制年度改造计划。将安全隐患多、配套设施严重缺失、群众改造意愿强烈的城镇老旧小区，优先纳入年度改造计划，做到符合改造对象范围的老旧小区应入尽入。编制老旧小区改造方案时，把存在安全隐患的燃气、电力、排水、供热等设施，养老、托育、停车、便民、充电桩等民生设施，作为重点内容优先改造。

（三）规范履行审批程序。依法合规办理审批、核准、备案以及建设许可等手续。市县人民政府组织有关部门联合审查城镇老旧小区改造方案的，各相关部门应加强统筹、责任共担，避免顾此失彼；涉及燃气、电力、排水、供热等安全隐患改造内容，应确保安全审查不漏项。

二、强化资金保障

（四）政府投资重点保障。中央预算内投资全部用于城镇老旧小区改造配套设施建设项目。各地应统筹地方财力，重点安排消除城镇老旧小区各类安全隐患、提高排水防涝能力、完善养老托育设施、建设停车场和便民设施等城镇老旧小区配套设施改造内容。城镇老旧小区改造资金，积极支持消除安全隐患。

（五）落实专业经营单位责任。督促引导供水、排水、燃气、电力、供热等专业经营单位履行社会责任，将需改造的水电气热信等配套设施优先纳入年度更新改造计划，并主动与城镇老旧小区年度改造计划做好衔接；落实出资责任,优先安排老旧小区配套设施改造资金;落实安全责任,加强施工和运营维护力量保障,消除安全隐患。

(六)推动多渠道筹措资金。推动发挥开发性、政策性金融支持城镇老旧小区改造的重要作用,积极争取利用长期低成本资金,支持小区整体改造项目和水电气热等专项改造项目。鼓励金融机构参与投资地方政府设立的老旧小区改造等城市更新基金。对养老托育、停车、便民市场、充电桩等有一定盈利的改造内容,鼓励社会资本专业承包单项或多项。按照谁受益、谁出资原则,积极引导居民出资参与改造,可通过直接出资、使用(补建、续筹)住宅专项维修资金、让渡小区公共收益等方式落实。

三、加强事中事后监管

(七)加强项目实施工程质量安全监管。切实加强城镇老旧小区改造项目监管,项目行业主管部门严格落实日常监管责任,监管责任人应做到开工到现场、建设到现场、竣工到现场,发现问题督促及时解决。建设单位严格落实首要责任,严格按批复的建设内容和工期组织建设,保障工程项目质量安全;勘察设计单位应认真踏勘小区及周边设施情况,排查安全隐患,在改造方案中统筹治理;施工单位应严格按标准规范施工,确保施工质量和安全;监理单位应认真履行监理职责,特别是加强对相关设施安全改造的监督检查。

(八)强化项目建设统筹协调。将城镇老旧小区改造与城市更新以及排水、污水处理、燃气、电力等市政管网设施建设,养老、托育、停车等公共服务设施建设,体育彩票、福利彩票等各类专项资金支持建设的体育健身、无障碍等设施建设有机结合,统筹安排城镇老旧小区改造、防洪排涝、治污、雨水资源化利用、市政建设等工程,优化空间布局和建设时序,避免反复开挖。

(九)严格组织项目竣工验收。项目建成后,各级发展改革、住房和城乡建设部门应督促各有关方面,按照国家有关规定组织竣工验收,将安全质量作为竣工验收的重要内容。鼓励相关各方进行联合验收。安全质量达到规定要求的,方可通过竣工验收;安全质量未达到要求、仍存在隐患的要及时整改达标,否则不得通过竣工验收。

四、完善长效管理机制

(十)压实地方责任。各级城市(县)应切实履行安全管理主体责任,抓紧建立完善燃气、电力、排水、供热等市政设施管理制度。落实相关部门责任,按照职责开展安全监督检查。压实专业经营单位责任,按照有关规定开展安全巡查和设施管养。

(十一)充分发挥党建引领作用。推动建立党组织领导下的社区居委会、业主委员会、物业服务公司等广泛参与、共商事务、协调互动的社区管理新机制,推进社区基层治理体系和治理能力现代化，共同维护改造成果。

（十二）推行物业专业化管理。城镇老旧小区完成改造后，有条件的小区通过市场化方式选择专业化物业服务公司接管；引导将相关配套设施产权依照法定程序移交给专业经营单位，由其负责后续维护管理。建立健全住宅专项维修资金归集、使用及补建续筹制度。拓宽资金来源渠道，统筹公共设施经营收益等业主共有收入，保障城镇老旧小区后续管养资金需求。

五、其他事项

自 2021 年起，保障性安居工程中央预算内投资专项严格按照有关专项管理办法规定，支持小区内和小区周边直接相关的配套设施建设，不支持单独的城镇污水处理设施及配套管网建设。各地方要严格按要求将中央预算内投资分解落实到具体项目。2021 年已分解落实的具体项目中，不符合要求的应及时调整并报国家发展改革委备案。

各级发展改革、住房和城乡建设部门要高度重视城镇老旧小区改造，加强城镇老旧小区改造配套设施建设与排查处理安全隐患相结合工作，强化项目全过程管理，强化事中事后监管，节约集约规范用好中央预算内投资，加快推进城镇老旧小区改造配套设施建设，切实提高人民群众安全感、获得感、幸福感。

特此通知。

国家发展改革委

住房城乡建设部

2021 年 9 月 2 日

中共中央办公厅　国务院办公厅印发《关于在城乡建设中加强历史文化保护传承的意见》

新华社北京 9 月 3 日电

近日，中共中央办公厅、国务院办公厅印发了《关于在城乡建设中加强历史文化保护传承的意见》，并发出通知，要求各地区各部门结合实际认真贯彻落实。

《关于在城乡建设中加强历史文化保护传承的意见》全文如下。

在城乡建设中系统保护、利用、传承好历史文化遗产，对延续历史文脉、推动城乡建设高质量发展、坚定文化自信、建设社会主义文化强国具有重要意义。为进一步在城乡建设中加强历史文化保护传承，现提出如下意见。

一、总体要求

（一）指导思想。以习近平新时代中国特色社会主义思想为指导，深入贯彻党的十九大和十九届二中、三中、四中、五中全会精神，紧紧围绕统筹推进"五位一体"总体布局和协调推进"四个全面"战略布局，始终把保护放在第一位，以系统完整保护传承城乡历史文化遗产和全面真实讲好中国故事、中国共产党故事为目标，本着对历史负责、对人民负责的态度，加强制度顶层设计，建立分类科学、保护有力、管理有效的城乡历史文化保护传承体系；完善制度机制政策、统筹保护利用传承，做到空间全覆盖、要素全囊括，既要保护单体建筑，也要保护街巷街区、城镇格局，还要保护好历史地段、自然景观、人文环境和非物质文化遗产，着力解决城乡建设中历史文化遗产屡遭破坏、拆除等突出问题，确保各时期重要城乡历史文化遗产得到系统性保护，为建设社会主义文化强国提供有力保障。

（二）工作原则

——坚持统筹谋划、系统推进。坚持国家统筹、上下联动，充分发挥各级党委和政府在城乡历史文化保护传承中的组织领导和综合协调作用，统筹规划、建设、管理，加强监督检查和问责问效，促进历史文化保护传承与城乡建设融合发展，增强工作的整体性、系统性。

——坚持价值导向、应保尽保。以历史文化价值为导向，按照真实性、完整性的保护要求，适应活态遗产特点，全面保护好古代与近现代、城市与乡村、物质与非物质等历史文化遗产，在城乡建设中树立和突出各民族共享的中华文化符号和中华民族形象，弘扬和发展中华优秀传统文化、革命文化、社会主义先进文化。

——坚持合理利用、传承发展。坚持以人民为中心，坚持创造性转化、创新性发展，将保护传承工作融入经济社会发展、生态文明建设和现代生活，将历史文化与城乡发展相融合，发挥历史文化遗产的社会教育作用和使用价值，注重民生改善，不断满足人民日益增长的美好生活需要。

——坚持多方参与、形成合力。鼓励和引导社会力量广泛参与保护传承工作，充分发挥市场作用，激发人民群众参与的主动性、积极性，形成有利于城乡历史文化保护传承的体制机制和社会环境。

（三）主要目标

到2025年，多层级多要素的城乡历史文化保护传承体系初步构建，城乡历史文化遗产基本做到应保尽保，形成一批可复制可推广的活化利用经验，建设性破坏行为得到明显遏制，历史文化保护传承工作融入城乡建设的格局基本形成。

到2035年，系统完整的城乡历史文化保护传承体系全面建成，城乡历史文化遗产得到有效保护、充分利用，不敢破坏、不能破坏、不想破坏的体制机制全面建成，历史文化保护传承工作全面融入城乡建设和经济社会发展大局，人民群众文化自觉和文化自信进一步提升。

二、构建城乡历史文化保护传承体系

（四）准确把握保护传承体系基本内涵。城乡历史文化保护传承体系是以具有保护意义、承载不同历史时期文化价值的城市、村镇等复合型、活态遗产为主体和依托，保护对象主要包括历史文化名城、名镇、名村（传统村落）、街区和不可移动文物、历史建筑、历史地段，与工业遗产、农业文化遗产、灌溉工程遗产、非物质文化遗产、地名文化遗产等保护传承共同构成的有机整体。建立城乡历史文化保护传承体系的目的是在城乡建设中全面保护好中国古代、近现代历史文化遗产和当代重要建设成果，全方位展现中华民族悠久连续的文明历史、中国近现代历史进程、中国共产党团结带领中国人民不懈奋斗的光辉历程、中华人民共和国成立与发展历程、改革开放和社会主义现代化建设的伟大征程。

（五）分级落实保护传承体系重点任务。建立城乡历史文化保护传承体系三级管理体制。国家、省（自治区、直辖市）分别编制全国城乡历史文化保护传承体系规划纲要及省级规划，建立国家级、省级保护对象的保护名录和分布图，明确保护范围和管控要求，与相关规划做好衔接。市县按照国家和省（自治区、直辖市）要求，落实保护传承工作属地责任，加快认定公布市县级保护对象，及时对各类保护对象设立标志牌、开展数字化信息采集和测绘建档、编制专项保护方案，制定保护传承管理办法，做好保护传承工作。具有重要保护价值、地方长期未申报的历史文化资源可按相关标准列入保护名录。

三、加强保护利用传承

（六）明确保护重点。划定各类保护对象的保护范围和必要的建设控制地带，划定地下文物埋藏区，明确保护重点和保护要求。保护文物本体及其周边环境，大力实施原址保护，加强预防性保护、日常保养和保护修缮。保护不同时期、不同类型的历史建筑，重点保护体现其核心价值的外观、结构和构件等，及时加固修缮，消除安全隐患。保护能够真实反映一定历史时期传统风貌和民族、地方特色的历史地段。保护历史文化街区的历史肌理、历史街巷、空间尺度和景观环境，以及古井、古桥、古树等环境要素，整治不协调建筑和景观，延续历史风貌。保护历史文化名城、名镇、名村（传统村落）的传统格局、历史风貌、人文环境及其所依存的地形地貌、河湖水系等自然景观环境，注重整体保护，传承传统营建智慧。保护非物质文化遗产及其依存的文化生态，发挥非物质文化遗产的社会功能和当代价值。

（七）严格拆除管理。在城市更新中禁止大拆大建、拆真建假、以假乱真，不破坏地形地貌、不砍老树，不破坏传统风貌，不随意改变或侵占河湖水系，不随意更改老地名。切实保护能够体现城市特定发展阶段、反映重要历史事件、凝聚社会公众情感记忆的既有建筑，不随意拆除具有保护价值的老建筑、古民居。对于因公共利益需要或者存在安全隐患不得不拆除的，应进行评估论证，广泛听取相关部门和公众意见。

（八）推进活化利用。坚持以用促保，让历史文化遗产在有效利用中成为城市和乡村的特色标识和公众的时代记忆，让历史文化和现代生活融为一体，实现永续传承。加大文物开放力度，利用具备条件的文物建筑作为博物馆、陈列馆等公共文化设施。活化利用历史建筑、工业遗产，在保持原有外观风貌、典型构件的基础上，通过加建、改建和添加设施等方式适应现代生产生活需要。探索农业文化遗产、灌溉工程遗产保护与发展路径，促进生态农业、乡村旅游发展，推动乡村振兴。促进非物质文化遗产合理利用，推动非物质文化遗产融入现代生产生活。

（九）融入城乡建设。统筹城乡空间布局，妥善处理新城和老城关系，合理确定老城建设密度和强度，经科学论证后，逐步疏解与历史文化保护传承不相适应的工业、仓储物流、区域性批发市场等城市功能。按照留改拆并举、以保留保护为主的原则，实施城市生态修复和功能完善工程，稳妥推进城市更新。加强重点地段建设活动管控和建筑、雕塑设计引导，保护好传统文化基因，鼓励继承创新，彰显城市特色，避免"千城一面、万楼一貌"。依托历史文化街区和历史地段建设文化展示、传统居住、特色商业、休闲体验等特定功能区，完善城市功能，提升城市活力。采用"绣花"、"织补"等微改造方式，增加历史文化名城、名镇、名村（传统村落）、街区和历史地段的公共开放空间，补足配套基础设施和公共服务设施短板。加强多种形式应急力量建设，制定应急处置预案，综合运用人防、物防、技防等手段，提高历史文化名城、名镇、名村（传统村落）、街区和历史地段的防灾减灾救灾能力。统筹乡村建设与历史文化名镇、名村（传统村落）及历史地段、农业文化遗产、灌溉工程遗产的保护利用。

（十）弘扬历史文化。在保护基础上加强对各类历史文化遗产的研究阐释工作，多层次、全方位、持续性挖掘其历史故事、文化价值、精神内涵。分层次、分类别串联各类历史文化遗产，构建融入生产生活的历史文化展示线路、廊道和网络，处处见历史、处处显文化，在城乡建设中彰显城市精神和乡村文明，让广大人民群众在日用而不觉中接受文化熏陶。加大宣传推广力度，组织开展传统节庆活动、纪念活动、文化年等形式多样的文化主题活动，创新表达方式，以新闻报道、电视剧、电视节目、纪录片、动画片、短视频等多种形式充分展现中华文明的影响力、凝聚力和感召力。

四、建立健全工作机制

（十一）加强统筹协调。住房城乡建设、文物部门要履行好统筹协调职责，加强与宣传、发展改革、工业和信息化、民政、财政、自然资源、水利、农业农村、商务、文化和旅游、应急管理、林草等部门的沟通协商，强化城乡建设与各类历史文化遗产保护工作协同，加强制度、政策、标准的协调对接。加强跨区域、跨流域历史文化遗产的整体保护，结合国家文化公园建设保护等重点工作，积极融入国家重大区域发展战略。

（十二）健全管理机制。建立历史文化资源调查评估长效机制，持续开展调查、评估和认定工作，及时扩充保护对象，丰富保护名录。坚持基本建设考古前置制度，建立历史文化遗产保护提前介入城乡建设的工作机制。推进保护修缮的全过程管理，优化对各类保护对象实施保护、修缮、改造、迁移的审批管理，加强事中事后监管。探索活化利用底线管理模式，分类型、分地域建立项目准入正负面清单，定期评估，动态调整。建立全生命周期的建筑管理制度，结合工程建设项目审批制度改革，加强对既有建筑改建、拆除管理。

（十三）推动多方参与。鼓励各方主体在城乡历史文化保护传承的规划、建设、管理各环节发挥积极作用。明确所有权人、使用人和监管人的保护责任，严格落实保护管理要求。简化审批手续，制定优惠政策，稳定市场预期，鼓励市场主体持续投入历史文化保护传承工作。

（十四）强化奖励激励。鼓励地方政府研究制定奖补政策，通过以奖代补、资金补助等方式支持城乡历史文化保护传承工作。开展绩效跟踪评价，及时总结各地保护传承工作中的好经验好做法，对保护传承工作成效显著、群众普遍反映良好的，予以宣传推广。对在保护传承工作中作出突出贡献的组织和个人，按照国家有关规定予以表彰、奖励。

（十五）加强监督检查。建立城乡历史文化保护传承日常巡查管理制度，市县根据当地实际情况将巡查工作纳入社区网格化管理、城市管理综合执法等范畴。建立城乡历史文化保护传承评估机制，定期评估保护传承工作情况、保护对象的保护状况。健全监督检查机制，严格依法行政，加强执法检查，及时发现并制止各类违法破坏行为。国家相关主管部门及时开展抽查检查。鼓励公民、法人和其他组织举报涉及历史文化保护传承的违法违规行为。加强对城乡历史文化遗产数据的整合共享，提升监测管理水平，逐步实现国家、省（自治区、直辖市）、市县三级互联互通的动态监管。

（十六）强化考核问责。将历史文化保护传承工作纳入全国文明城市测评体系。强化对领导干部履行历史文化保护传承工作中经济责任情况的审计监督，审计结果以及整改情况作为考核、任免、奖惩被审计领导干部的重要参考。对列入保护名录但因保护不力造成历史文化价值受到严重影响的历史文化名城、名镇、名村（传统村落）、街区和历史建筑、历史地段，列入濒危名单，限期进行整改，整改不合格的退出保护名录。对不尽责履职、保护不力，造成已列入保护名录的保护对象或应列入保护名录而未列入的历史文化资源的历史文化价值受到严重破坏的，依规依纪依法对相关责任人和责任单位作出处理。加大城乡历史文化保护传承的公益诉讼力度。

五、完善保障措施

（十七）坚持和加强党的全面领导。各级党委和政府要深刻认识在城乡建设中加强历史文化保护传承的重要意义，始终把党的领导贯穿保护传承工作的各方面各环节，确保党中央、国务院有关决策部署落到实处。

（十八）完善法律法规。修改《历史文化名城名镇名村保护条例》，加强与文物保护法等法律法规的衔接，制定修改相关地方性法规，为做好城乡历史文化保护传承工作提供法治保障。

（十九）加大资金投入。健全城乡历史文化保护传承工作的财政保障机制，中央和地方财政要依据各级事权做好资金保障。地方政府要将保护资金列入本级财政预算，重点支持国家级、省级重大项目和革命老区、民族地区、边疆地区、脱贫地区的历史文化保护传承工作。鼓励按照市场化原则加大金融支持力度，拓展资金渠道。

（二十）加强教育培训。在各级党校（行政学院）、干部学院相关班次中增加培训课程，提高领导干部在城乡建设中保护传承历史文化的意识和能力。
围绕典型违法案例开展领导干部专项警示教育。加强高等学校、职业学校相关
学科专业建设。加强专业人才队伍建设，建设城乡历史文化保护传承国家智库。
开展技术人员和基层管理人员的专业培训，建立健全修缮技艺传承人和工匠的
培训、评价机制，弘扬工匠精神。

住房城乡建设部关于扎实有序推进城市更新工作的通知

建科〔2023〕30 号

各省、自治区住房城乡建设厅，直辖市住房城乡建设（管）委，新疆生产建设
兵团住房城乡建设局：

按照党中央、国务院关于实施城市更新行动的决策部署，我部组织试点城
市先行先试，全国各地积极探索推进，城市更新工作取得显著进展。为深入贯
彻落实党的二十大精神，复制推广各地已形成的好经验好做法，扎实有序推进
实施城市更新行动，提高城市规划、建设、治理水平，推动城市高质量发展，
现就有关事项通知如下：

一、坚持城市体检先行。建立城市体检机制，将城市体检作为城市更新的
前提。指导城市建立由城市政府主导、住房城乡建设部门牵头组织、各相关部
门共同参与的工作机制，统筹抓好城市体检工作。坚持问题导向，划细城市体
检单元，从住房到小区、社区、街区、城区，查找群众反映强烈的难点、堵点、
痛点问题。坚持目标导向，以产城融合、职住平衡、生态宜居等为目标，查找
影响城市竞争力、承载力和可持续发展的短板弱项。坚持结果导向，把城市体
检发现的问题短板作为城市更新的重点，一体化推进城市体检和城市更新工作。

二、发挥城市更新规划统筹作用。依据城市体检结果，编制城市更新专项
规划和年度实施计划，结合国民经济和社会发展规划，系统谋划城市更新工作
目标、重点任务和实施措施，划定城市更新单元，建立项目库，明确项目实施
计划安排。坚持尽力而为、量力而行，统筹推动既有建筑更新改造、城镇老旧
小区改造、完整社区建设、活力街区打造、城市生态修复、城市功能完善、基
础设施更新改造、城市生命线安全工程建设、历史街区和历史建筑保护传承、
城市数字化基础设施建设等城市更新工作。

三、强化精细化城市设计引导。将城市设计作为城市更新的重要手段，完
善城市设计管理制度，明确对建筑、小区、社区、街区、城市不同尺度的设计
要求，提出城市更新地块建设改造的设计条件，组织编制城市更新重点项目设
计方案，规范和引导城市更新项目实施。统筹建设工程规划设计与质量安全管
理，在确保安全的前提下，探索优化适用于存量更新改造的建设工程审批管理
程序和技术措施，构建建设工程设计、施工、验收、运维全生命周期管理制度，
提升城市安全韧性和精细化治理水平。

四、创新城市更新可持续实施模式。坚持政府引导、市场运作、公众参与，
推动转变城市发展方式。加强存量资源统筹利用，鼓励土地用途兼容、建筑功

能混合，探索"主导功能、混合用地、大类为主、负面清单"更为灵活的存量用地利用方式和支持政策，建立房屋全生命周期安全管理长效机制。健全城市更新多元投融资机制，加大财政支持力度，鼓励金融机构在风险可控、商业可持续前提下，提供合理信贷支持，创新市场化投融资模式，完善居民出资分担机制，拓宽城市更新资金渠道。建立政府、企业、产权人、群众等多主体参与机制，鼓励企业依法合规盘活闲置低效存量资产，支持社会力量参与，探索运营前置和全流程一体化推进，将公众参与贯穿于城市更新全过程，实现共建共治共享。鼓励有立法权的地方出台地方性法规，建立城市更新制度机制，完善土地、财政、投融资等政策体系，因地制宜制定或修订地方标准规范。

五、明确城市更新底线要求。坚持"留改拆"并举、以保留利用提升为主，鼓励小规模、渐进式有机更新和微改造，防止大拆大建。加强历史文化保护传承，不随意改老地名，不破坏老城区传统格局和街巷肌理，不随意迁移、拆除历史建筑和具有保护价值的老建筑，同时也要防止脱管失修、修而不用、长期闲置。坚持尊重自然、顺应自然、保护自然，不破坏地形地貌，不伐移老树和有乡土特点的现有树木，不挖山填湖，不随意改变或侵占河湖水系。坚持统筹发展和安全，把安全发展理念贯穿城市更新工作各领域和全过程，加大城镇危旧房屋改造和城市燃气管道等老化更新改造力度，确保城市生命线安全，坚决守住安全底线。

各级住房城乡建设部门要切实履行城市更新工作牵头部门职责，会同有关部门建立健全统筹协调的组织机制，有序推进城市更新工作。省级住房城乡建设部门要加强对市（县）城市更新工作的督促指导，及时总结经验做法，研究破解难点问题。我部将加强工作指导和政策协调，及时总结可复制推广的经验，指导各地扎实推进实施城市更新行动。

住房城乡建设部

2023 年 7 月 5 日

附录二 住房和城乡建设部《城镇老旧小区改造居民调查问卷》

城镇老旧小区改造居民调查问卷

1. 您当前的常住地是：

 所在地区：请选择所在省、市、区

 街道名称：请填写所在街道名称

 社区名称：请填写所在社区名称

2. 您所居住的小区建成于什么时间：【单选】

 A. 2000 年以前（含 2000 年）

 B. 2000 年以后（不含 2000 年）

 C. 不清楚 / 不了解 / 说不清

3. 您所居住的小区是否建立了业主委员会？【单选】

 A. 有业主委员会

 B. 没有业主委员会

 C. 不清楚 / 不了解 / 说不清

4. 您在本小区居住多少年了？

 居住年限：

5. 您现在居住的房屋为：【单选】

 A. 租房

 B. 自有住房

 C. 其他

6. 您所居住的房子属于哪种类型？【单选】

 A. 公房

 B. 售后公房（房改房）

 C. 经济适用住房、公共租赁住房等保障房

 D. 普通商品房

 E. 其他，具体为：

 F. 不清楚 / 不了解 / 说不清

7. 您所居住的房子建筑面积为多少平方米？【单选】

 A. <60m²

 B. 60 ~ 90（不含）m²

 C. 90 ~ 120m²

D. >120m²

8. 您所居住小区的改造状态是：【单选】

A. 已完成改造

B. 正在改造中

C. 没有改造

D. 不清楚 / 不了解 / 说不清

9. 您认为应将城镇老旧小区改造工作重点放在哪里？【多选，最多可选 5 项】

A. 明确城镇老旧小区改造的对象和范围

B. 加强基层组织建设，提高社区治理能力

C. 广泛征求居民意见，发动居民参与改造

D. 建立多部门统一协调机制、项目审批绿色通道

E. 加强统筹规划和技术指导

F. 加强对改造质量、施工文明和安全的监督

G. 注重对历史文化、历史建筑的保护和利用

H. 建立改造资金政府、居民、社会力量合理共担机制，多渠道筹集改造资金

I. 在土地、规划上适当放宽条件，允许增设社区配套服务设施

J. 做好改造完成后长效管理和服务工作

K. 其他，具体为：

10. 在老旧小区改造工作中，您认为哪类组织能发挥更大的作用？【单选】

A. 社区居民委员会等基层组织

B. 地方政府及相关部门

C. 业主委员会等基层自治机制

D. 企业等市场主体

E. 热心居民和志愿者

F. 其他，具体为：

11. 您愿意以哪种方式参与所居住小区的改造？【多选】

A. 参与制定改造方案

B. 承担部分改造费用

C. 配合施工

D. 主动拆除违法建设

E. 参与施工监督和验收

F. 参与小区后续管理

G. 评价和反馈改造效果

H. 其他,具体为:

I. 以上都没有

12. 作为小区居民,您愿意以哪种方式出资参与改造?【多选】

A. 直接出资

B. 使用(补缴)住宅专项维修资金

C. 提取住房公积金

D. 让渡小区公共收益

E. 投工投劳

F. 缴纳物业费

G. 缴纳使用费

H. 其他,具体为:

13. 你认为老旧小区改造政府、居民、社会力量(企业)的出资比例应为

多少?(三项加总为 100%)

政府出资 %+ 居民出资 %+ 社会力量(企业)出资 %

14. 您认为政府在以下哪些改造内容中有出资责任?【多选】

A. 改造管、网、路、电等市政配套基础设施

B. 小区内建筑物屋面、外墙、楼梯等公共部位维修

C. 增设电梯、停车场等配套设施

D. 建筑节能改造

E. 环境绿化、增设活动场所、适老化、无障碍设施

F. 增设养老、托幼、家政服务等设施

G. 社区安防设施改造

H. 生活垃圾分类设施建设和改造

I. 其他,具体为:

J. 以上都没有

15. 您认为社会力量(企业)在以下哪些改造内容中可以出资参与?【多选】

A. 改造管、网、路、电等市政配套基础设施

B. 小区内建筑物屋面、外墙、楼梯等公共部位维修

C. 增设电梯、停车场等配套设施

D. 建筑节能改造

E. 环境绿化、增设活动场所、适老化、无障碍设施

F. 增设养老、托幼、家政服务等设施

G. 社区安防设施改造

H. 生活垃圾分类设施建设和改造

I. 其他，具体为：

J. 以上都没有

16. 您认为居民在以下哪些改造内容中有出资责任？【多选】

A. 改造管、网、路、电等市政配套基础设施

B. 小区内建筑物屋面、外墙、楼梯等公共部位维修

C. 增设电梯、停车场等配套设施

D. 建筑节能改造

E. 环境绿化、增设活动场所、适老化、无障碍设施

F. 增设养老、托幼、家政服务等设施

G. 社区安防设施改造

H. 生活垃圾分类设施建设和改造

I. 其他，具体为：

J. 以上都没有

17. 如果居民对小区改造意见难以统一，您认为可以采取以下哪些措施化解？【多选】

A. 通过座谈走访、入户调研、工作坊等多种方式，了解居民需求

B. 社区居民委员会组织召开宣贯会，让居民知情

C. 召开业主大会或业主委员会集体决策

D. 利用线上线下手段，搭建居民沟通议事平台，促进居民形成共识

E. 发挥社区能人的协调整合作用

F. 发挥社区党员引领示范作用

G. 开展多种形式的基层协商，共同确定需要解决的突出问题，共同研究解决方案

H. 鼓励社区居民共管、共评

I. 邀请设计师、工程师进社区，解答有关质量、施工影响等技术问题，辅导居民有效参与

J. 鼓励党政机关、群团/社会组织、社区志愿者、驻区企事业单位、专业社工机构提供人力、物力、智力和财力支持

K. 改造费由政府或市场力量出资，居民在后续使用、维护管理环节付费

L. 适当下调要求居民同意的比例

M. 其他，具体为：

N. 不清楚/不了解/说不清

18. 如果您不太同意小区改造，主要是出于哪些考虑？【多选】

　　A. 担心安全问题，如房屋结构安全、楼梯损伤等

　　B. 担心施工扰民，影响正常生活

　　C. 担心以后的运营和维修问题谁来管

　　D. 担心筹集的资金未能恰当使用

　　E. 担心个人承担的费用太高

　　F. 担心居住环境受影响，如噪声、房屋采光等问题

　　G. 不需要改造

　　H. 其他，具体为：

　　I. 以上顾虑都没有，我同意小区改造

19. 您认为改造完成后的老旧小区最好采取什么样方式管理？【单选】

　　A. 引入专业企业整体运营管理

　　B. 实行居民自我管理模式

　　C. 委托社区提供兜底性维护

　　D. 其他，具体为：

20. 您的家庭人口数是：

21. 您家中是否有与您同住在此小区的 60 岁以上老人？【单选】

　　A. 有

　　B. 没有

22. 您家中是否有与您同住在此小区的 6 岁以下儿童？【单选】

　　A. 有

　　B. 没有

23. 您家所有人口的年收入总额是：【单选】

　　A. 5 万元以下

　　B. 5 万～ 12 万元

　　C. 12 万～ 24 万元

　　D. 24 万～ 50 万元

　　E. 50 万元以上

　　开放性意见建议：

24. 对于老旧小区改造，您认为目前最大的难题是什么？

　　详细内容：

25. 对于老旧小区改造，您对解决困难的措施和途径有什么建议？

　　详细内容：

附录三 老旧小区设施性能评估表——以天津市为例

老旧小区设施性能评估表

编号：

小区名称							
占地面积	m²	产权单位		建设范围			
建筑栋数	栋	总建筑面积	m²	楼栋数	栋	楼面积	m²
建筑结构类型		建设年代		户数	户	建筑权属	
人口年龄结构	18 岁以下 （ %）；19～60 岁 （ %）；60 岁以上（ %）						
小区管理现状	□有物业服务企业，□无物业服务企业，□有业主委员会，□有物业管理委员会，□无业主委员会，□无物业管理委员会						

类别	基本状况调查	情况记录及评估
危房治理情况	□无危房，□有危房，已治理_栋，□未治理_栋	
违法建设治理情况	□无违建，□有违建_m²（__户/处），包括楼本体首层外接违建__m²（__户/处），楼顶违建_m²（__户/处），其他楼层违建___m²（__户/处），小区公共区域独立违建__m²（__户/处）	
临建情况	□无，□有__处	
私装地桩地锁情况	□无， □有___处	
群租治理情况	□无群租，□有群租___处	
室内给排水和供热管道	□室内管道老化，存在跑、冒、滴、漏现象和阀门锈蚀、漏___栋，□室内管道正常___栋	
小区围墙大门	□小区围墙围合并完好、大门完好， □小区围墙失稳，损坏严重、无大门道闸或大门道闸无法使用， □小区围墙未围合、大门及道闸不全及道闸使用不便	
小区道路	□无损坏， □路面有损坏（局部损坏___条，损坏率___%，大面积损坏___条，损坏率__%）， □缘石有损坏（局部损坏___m，大面积损坏___m）， □人行道铺装有损坏（局部损坏___条，损坏率___%，大面积损坏___条，损坏率___%）	
小区绿化	□零散绿化___处， □形成小花园___处， □形成立体绿化___处， □绿化杂乱___处， □绿化破坏___处， □绿植死亡___处	

续表

类别	基本状况调查	情况记录及评估
公共照明	□道路照明完善， □道路照明灯具破损、缺失和老化， □道路照明照度不足， □道路照明灯杆锈蚀、变形， □道路照明供电线缆绝缘老化， □道路照明配电箱破损、锈蚀，箱内电器、线缆老化	
小区消防	□消防设施配置符合要求， □消火栓配置不符合要求， □灭火器配置不符合要求， □消防通道和安全出口不畅通或不符合要求	
小区安防	□小区安防完善， □视频安防监控系统缺失或损坏， □重点区域视频安防监控系统存在盲区， □楼宇（可视）对讲系统缺失或损坏， □出入口控制系统缺失或损坏， □停车库（场）管理系统缺失或损坏	
适老化及无障碍设施	□适老化设施健全， □适老化设施不健全， □适老化设施严重缺失， □无障碍设施健全， □无障碍设施不健全， □无障碍设施严重缺失	
加装电梯	□有需要并有条件加装电梯___栋	
垃圾收集设施	□完善且分布合理， □不够完善，需补充___处， □废弃使用需拆除垃圾道___处， □废弃使用老旧垃圾道封堵___处	
非机动车停车	□完善且分布合理， □不完善且分布不合理， □停车严重缺失， □无序且混乱， □安装地锁___处， □废弃车清理及空间整合___处	
非机动车	□有序且分布合理， □无序且比较混乱， □停车严重不足， □废弃车清理及空间整合___处	
供水管道	□室外管道正常， □管材不符合现行标准，属于落后淘汰产品， □室外管道和阀门老化、锈蚀，存在跑、冒、滴、漏现象	
排水系统	□雨污分流， □雨污合流、混接， □存在因地势高程原因导致的倒灌、积水问题， □管道排水顺畅，使用正常， □排水管道拥堵、漫溢， □化粪池、检查井、收水口及井盖完好， □化粪池、检查井、收水口及井盖缺失、破损	
燃气管道	□室外管道正常， □室外管道老化， □调压设施无安全防护设施和警示标识	

类别	基本状况调查	情况记录及评估
供暖管道	□室外管道正常， □室外管道和阀门老化、锈蚀，存在跑、冒、滴、漏现象， □室外管道保温破损， □架空管道影响消防车通过	
供电设施	□满足要求， □需要增容， □需要隔离保护	
通信设施	□满足要求， □需要三网融合光纤入户	
架空线规整	□无居民楼层间乱搭架空线， □居民私搭乱接架空线， □电力、通信、广电等线路错综复杂，形成蜘蛛网， □架空线已梳理，但未入地， □架空线已经入地， □低压架空线路不符合电力行业运行标准及规范要求	
充电车位	□有电动机动车充电车位， □无电动机动车充电车位， □有电动非机动车充电车位， □无电动非机动车充电车位	
社区医疗	□医疗卫生设施不健全， □医疗卫生设施健全， □无医疗卫生设施	
公共服务	□公共设施不健全， □公共设施健全， □无公共设施	
小区教育、托育设施	□教育和托育设施不健全， □托育设施健全， □无教育和托育设施	
小区及周边养老	□小区及周边养老设施不健全， □小区养老设施健全， □小区周边养老设施健全， □无小区养老设施	
小区购物	□购物不方便、超过15min， □购物方便、不超过5min， □购物较方便、不超过15min	
小区餐饮	□就餐便利， □步行15min内没有就餐处	
小区家政	□小区有家政机构， □小区无家政服务机构	

评估结论

调查与初步评估人员签名：_____

年　月　日

后记

宋昆教授科研团队一直致力于传统与现代居住形态的研究和设计实践，所培养的硕士、博士生大多从事此领域的研究工作。科研团队紧跟国家战略需求和时代发展步伐，积极组建科研平台，开展有组织科研工作。2015年，团队申报并获批旧城改造领域国内首个省部级科技成果转化机构"天津市旧城区改造生态化技术工程中心"，科研方向逐渐聚焦在以既有住区为核心的旧城改造工作；2016年，在天津市科学技术委员会的支持下，建成了"既有建筑生态改造与检测技术公共服务平台"。2018年，成立了"天津大学城市更新与发展研究院"。2021年7月，重新组建了天津大学建筑学院城市更新与社区营造科研团队。2022年，科研团队申报获批成立了"天津市健康人居与智慧技术重点实验室"。同年12月，天津大学城市更新与发展研究院成功入选CTTI中国来源智库，2023年4月，获批天津市第四批高校智库。

在多个科研平台的支撑下，科研团队承担了多项与城市更新相关的科研项目。2015年12月，申请获批了教育部哲学社科重大攻关项目"我国特大城市旧城区生态化改造策略研究"。2017年、2022年，先后承担了"十三五"国家重点研发计划"既有居住建筑宜居改造及功能提升关键技术"、"十四五"国家重点研发计划"城市更新设计理论与方法"，以及多项国家自然科学基金委员会、住房和城乡建设部、天津市相关委办局等资助的省部级以上纵向科研课题。

科研团队非常重视科研成果的转化工作，始终坚持"把论文写在育人与民生一线"。在人口老龄化和住宅老旧化"双老"的背景下，于2016年1月，向天津市两会提案"关于政府助力老旧社区多层住宅加装电梯，改善养老环境的建议"。同年4月，得到了天津市财务局、城市建设委员会、既有房屋管理处三个单位的答复。5月，主持申报编制天津市工程建设标准《天津市既有住宅加装电梯设计导则》并获批，并于2018年9月正式发布实施，也是国内出台的第五部相关的地方标准，为加梯工程实践提供了技术指引和方向。之后又推动了政策性文件《天津市既有住宅加装电梯工作指导意见》的出台。在经过大量详细调研，以及业主、政府相关部门、加梯单位的多次协调工作后，最终于在2019年7月，促成了天津市首部既有住宅加装电梯的开工建设，并于

10 月建成投入使用。2021 年、2022 年和 2023 年初，科研团队分别向天津市政府提交了《关于天津市老旧小区配建停车设施的建议》和《关于制定天津市城市更新条例的建议》咨政报告，获得市领导的肯定性批示，咨政内容多次被天津市相关管理部门应用采纳并写入相关政策法规文件之中。

2021 年、2022 年，加装电梯科研成果与示范项目分别获得住房和城乡建设部华夏建设科技奖二等奖、天津市优秀勘察设计奖一等奖以及天津市钢结构协会"科学技术奖"特等奖。2022 年，《关于天津市老旧小区配建停车设施相关建议》获天津市高校智库优秀决策咨询研究成果一等奖。2023 年，《关于制定〈天津市城市更新条例〉的咨政建议和调研报告》获得天津市第十六届调研成果一等奖、第十八届天津市社会科学优秀成果二等奖。

鉴于长期的科研成果积累，很有必要作个阶段性总结，并借此展望今后的发展方向。

2019 年 12 月，习近平总书记在中央经济工作会议作重要讲话，会议首次提出要"加强城市更新和存量住房改造提升，做好城镇老旧小区改造"。[①]2020 年 6 月，国家发展改革委新闻发言人特别指出要以老旧小区改造为抓手，加快推进城市更新。7 月 10 日，国务院办公厅发布了《关于全面推进城镇老旧小区改造工作的指导意见》。为广泛宣传"实施城市更新行动"的重大意义和政策内涵，及时总结各地区、各方面的理论成果和示范案例，中国建筑出版传媒有限公司（中国建筑工业出版社）和都市更新（北京）控股集团有限公司联合组织编写"城市更新行动理论与实践系列丛书"。丛书由住房和城乡建设部总经济师杨保军担任丛书主编，宋昆教授科研团队受邀主编《城市更新与老旧小区改造》分册。

2022 年 4 月 9 日，中国建筑出版传媒有限公司和都市更新（北京）控股集团有限公司在北京举办了丛书编委会成立会议，住房和城乡建设部建筑节能与科技司、全国市长研修学院（住房和城乡建设部干部学院）、天津大学、同济大学，以及厦门大学等相关单位参编专家学者出席了启动会议。会上杨保军总主编向各位分册主编颁发聘书，标志着丛书编写工作正式启动。

为保障写作工作高效有序开展，宋昆教授科研团队成立了专门的书稿写作组，组织了团队中的教师、博士研究生、硕士研究生，确定了各篇章的写作执笔人和审校责任人。在对当前我国城市更新政策充分解读的基础上，写作组进行了大量的国内外案例调研和分析，并对城市更新和老旧小区改造的示范项目及相关主体进行了多次的实地调研和当面交流。最终于 2022 年 6 月，形成了

---

① 新华社.中央经济工作会议举行 习近平李克强作重要讲话 [OL]. 中国政府网，2019-12-12.

书稿的整体框架。本册书稿立足于当前我国城市建设发展新阶段面临的现实困境和挑战与机遇，聚焦我国老旧小区改造的民生工程和发展工程，总体结构分为政策、评估、策划、设计、实施和案例六个专题，贯穿城市更新和老旧小区改造全生命周期，为更新工作的有效实施提供了全过程、全方位的参考。

　　2023年3月7日，中国建筑出版传媒有限公司和都市更新（北京）控股集团有限公司在景德镇陶溪川组织了书稿的初稿审稿会。会上，杨保军主编对《城市更新与老旧小区改造》分册的写作方向和内容给予了充分肯定，并对书稿提出了优化建议。随后，写作组对北京市、天津市、杭州市、成都市、重庆市等多个国内典型城市的城市更新和老旧小区改造项目进行了又一轮深入的补充调研，并以问题和目标为导向，与项目的实施主体进行了多次的深入沟通，不断修正和丰富书稿的理论与实践内容。最终，于2023年12月10日顺利交稿。此书已被中国建设出版传媒有限公司列入2024年重点出版计划，同时也是一本服务住房和城乡建设领域中心工作的出版物。

　　衷心希望本套丛书的编写不仅能为全国各地的城市更新行动提供政策及方法指引和实践经验借鉴，为社会各界探索具有中国特色的城市更新之路提供实用的支持和启发。也期待更多的城市规划者、设计师、政策制定者和居民等社会各界人士投入到城市更新的事业之中，让我们携手共同为我国城市高质量发展贡献智慧和力量！